石油高等院校特色规划教材

地震资料处理与解释实习指导书

刘洋　殷文　闫彬鹏　张宓　编著

王克斌　主审

石油工业出版社

内 容 提 要

地震资料处理与解释实习是地球物理和地质专业的重要实践课程，是从事油气勘探工作必不可少的专业实践环节。本书介绍了地震资料处理与解释的基本流程、常规技术、GeoEast 软件基本操作方法等。

本书可作为高等院校勘查技术与工程（地球物理）和资源勘查工程（地质）专业的实习指导书，也可供地质工程和石油工程等相关专业的师生以及从事油气勘探的生产和科研人员参考。

图书在版编目（CIP）数据

地震资料处理与解释实习指导书/刘洋等编著 . —北京：石油工业出版社，2022.11
石油高等院校特色规划教材
ISBN 978-7-5183-5610-2

Ⅰ.①地… Ⅱ.①刘… Ⅲ.①油气勘探—地震勘探—地震资料处理—高等学校—教学参考资料 Ⅳ.①P618.130.8

中国版本图书馆 CIP 数据核字（2022）第 257380 号

出版发行：石油工业出版社
（北京市朝阳区安定门外安华里 2 区 1 号楼　100011）
网　　址：www.petropub.com
编辑部：（010）64523697
图书营销中心：（010）64523633
经　　销：全国新华书店
排　　版：三河市聚拓图文制作有限公司
印　　刷：北京中石油彩色印刷有限责任公司

2022 年 11 月第 1 版　2022 年 11 月第 1 次印刷
787 毫米×1092 毫米　开本：1/16　印张：8.75
字数：190 千字

定价：22.00 元
（如发现印装质量问题，我社图书营销中心负责调换）
版权所有，翻印必究

前　言

地震勘探是查明地下地质构造、预测岩性和流体等地层信息的主要地球物理勘探方法。它包括地震资料采集、处理和解释三个环节。地震资料处理与解释实习是地球物理和地质专业的重要实践课程，是将要从事油气勘探工作的大学生必不可少的专业实践环节，要求学生能够利用专业技术和专业软件完成实际地震资料处理和解释，提高理论和实践相结合的能力。通过地震资料处理实习，要求学生掌握地震资料处理的基本流程、常规技术和软件操作，能够分析处理参数对处理效果的影响，利用基本处理流程完成实际二维地震资料的处理，获得叠加剖面和叠后时间偏移剖面，并对偏移剖面所反映的地质构造进行初步分析与解释；通过地震资料解释实习，要求学生能够掌握地震资料构造解释的基本步骤、常规技术和软件操作，利用已有的地质、钻测井和地震处理时间偏移成果资料，完成实际三维地震资料的构造解释，获得构造图、厚度图及相关属性图等，并进行初步分析与解释。

本实习采用的 GeoEast 软件是由中国石油集团东方地球物理勘探有限责任公司（简称"东方地球物理公司"）研发的、具有独立知识产权的地震数据处理解释一体化系统。2013 年，国际勘探地球物理学家学会（SEG）、中国石油学会石油物探专业委员会、东方地球物理公司、中国石油大学（北京）联合创办"东方杯"全国大学生勘探地球物理大赛并举行了首届大赛，东方地球物理公司向各参赛的大学和科研院所免费提供 GeoEast 软件系统，参赛学生利用该软件完成实际地震资料的处理。大赛每年举办一次，至今已经举办了九届，极大地提高了学生地震资料处理技能，促进了 GeoEast 软件的推广普及。

本实习指导书针对地震资料处理与解释中常规技术和 GeoEast 软件操作，结合多年来教学和科研工作经验，在 2019 年以来中国石油大学（北京）克拉玛依校区资源勘查工程（地质）专业开展的三次地震资料处理与解释实习实践基础上编写而成。

本实习指导书由刘洋、殷文、闫彬鹏和张宓编著。第 1 章由刘洋教授和殷文教授编写，第 2 章由刘洋教授编写，第 3 章由张宓讲师编写，第 4 章由殷文教授编写，第 5 章由闫彬鹏副教授编写。全书由刘洋教授统稿。

东方地球物理公司首席专家王克斌教授级高级工程师对指导书进行了审阅，东方地球物理公司研究院处理解释技术人员王九拴、杨静、李依凡、马宁提出了宝贵的意见和建议，在此深表感谢。

由于编著者水平有限，书中难免有不足之处，欢迎广大读者批评指正。

编著者

2022 年 9 月

目　录

1 地震资料处理与解释实习概述 ··· 1
　1.1 地震资料处理实习概述 ··· 1
　1.2 地震资料解释实习概述 ··· 2
　1.3 实习软件概述 ··· 3
　1.4 实习报告编写要求 ··· 4
2 地震资料处理实习技术 ··· 6
　2.1 地震数据格式、观测系统与 SPS 文件 ································· 6
　2.2 地震数据显示与原始资料分析 ··· 7
　2.3 基准面静校正 ··· 8
　2.4 规则干扰压制和随机干扰压制 ·· 10
　2.5 振幅处理 ·· 13
　2.6 反褶积 ·· 16
　2.7 CMP 道集分选 ··· 17
　2.8 叠加速度分析 ·· 19
　2.9 动校正和拉伸切除 ·· 20
　2.10 地表一致性剩余静校正 ··· 21
　2.11 多次波压制 ··· 23
　2.12 叠加 ·· 25
　2.13 叠后时间偏移 ··· 26
3 地震资料处理实习上机操作 ·· 29
　3.1 地震资料处理软件介绍及数据准备 ···································· 29
　3.2 工区和测线的建立 ·· 30
　3.3 地震数据的加载与重采样 ·· 32
　3.4 观测系统的定义 ·· 35
　3.5 野外静校正 ·· 40
　3.6 自适应面波衰减 ·· 41
　3.7 叠前线性干扰压制 ·· 43
　3.8 异常振幅衰减 ·· 45

3.9 球面扩散补偿 … 47
3.10 地表一致性振幅补偿 … 52
3.11 地表一致性反褶积 … 55
3.12 预测反褶积 … 58
3.13 速度分析 … 60
3.14 动校正 … 62
3.15 叠加 … 65
3.16 地表一致性反射波剩余静校正 … 66
3.17 叠后偏移 … 71
3.18 地震资料处理实习总结及拓展 … 74

4 地震资料解释实习技术 … 77
4.1 地震子波生成与提取 … 77
4.2 合成地震记录制作 … 79
4.3 井震层位标定 … 80
4.4 地震层位追踪对比 … 82
4.5 断层解释 … 84
4.6 相干体计算 … 85
4.7 地震构造图绘制与解释 … 88
4.8 地震属性 … 90

5 地震资料解释实习上机操作 … 93
5.1 地震资料解释软件介绍及数据准备 … 93
5.2 工区建立及数据加载 … 94
5.3 地震子波生成与提取 … 101
5.4 合成记录制作和层位标定 … 103
5.5 层位追踪对比 … 106
5.6 断层解释 … 108
5.7 相干数据体解释 … 111
5.8 等 t_0 构造图绘制 … 112
5.9 速度建场 … 116
5.10 等深度构造图绘制 … 120
5.11 三维动态显示 … 120

附录 A SEG-Y 格式说明 … 122
  A.1 SEG-Y 格式 400 字节头块说明 … 122

  A.2 SEG-Y 格式道头说明 ·· 123
附录 B 地震资料处理与解释专业英语常用词汇 ·· 127
  B.1 地震资料处理常用词汇 ·· 127
  B.2 地震资料解释常用词汇 ·· 129
附录 C GeoEast 地震资料处理基本流程常用模块名称表 ·· 131
主要参考文献 ··· 134

1 地震资料处理与解释实习概述

地震勘探是一种重要的地球物理勘探方法，它通过人工激发和接收地震波，对接收到的地震波进行处理和解释，可以获得地下地质构造、层序、沉积、岩性和流体等信息，为油气田、煤田等勘探服务。地震勘探包括地震资料采集、处理和解释三个环节。地震资料处理与解释实习是勘查技术与工程（地球物理）专业和资源勘查工程（地质）专业重要的专业实习，也是从事油气勘探工作必不可少的专业实践环节之一。通过本实习，使学生掌握地震资料常规处理和解释的主要内容、主要技术和流程；掌握地震资料处理软件的使用，利用该软件完成实际地震资料的处理，获得叠加剖面和叠后时间偏移剖面；掌握地震资料解释软件的使用，利用该软件完成实际地震资料的构造解释；培养学生利用专业技术和专业软件解决实际工程问题的能力，提高理论和实践相结合的能力。本章介绍了地震资料处理与解释实习的主要目的和流程、实习所用的 GeoEast 软件以及实习报告编写要求。

1.1 地震资料处理实习概述

地震资料处理的主要目的是对地震波进行准确成像，获得地下介质速度等信息，同时在处理过程中要尽可能提高资料的信噪比和分辨率，以提高地震速度精度和地震成像精度等。

在对地震资料进行处理时，应对地震资料的品质进行分析，结合工区地表和地下地质构造情况以及地质任务，建立合理的地震资料处理流程，选择合适的地震资料处理技术和处理参数，完成地震资料处理，获得地震叠加剖面、偏移成像剖面以及速度信息等。

地震资料处理实习要求学生利用地震资料基本处理流程完成地震资料的处理，分析处理参数对处理效果的影响，对叠后时间偏移剖面所反映的地质构造进行初步分析与解释。地震资料处理实习技术流程（基本处理流程）如图 1.1 所示，主要包括原始炮集数据导入、观测系统定义、异常道编辑、基准面静校正、干扰波压制（单频干扰压制、面波压制、线性干扰压制、异常振幅值压制）、振幅处理（球面扩散、吸收衰减补偿和地表一致性振幅补偿等）、反褶积（地表一致性反褶积、预测反褶积）、CMP（Common Middle Point，共中心点）

道集分选、叠加速度分析、动校正和拉伸切除、剩余静校正、多次波压制、叠加、叠后时间偏移、叠后提高信噪比和分辨率等。对于速度横向变化不大、构造复杂区的地震资料，可选用叠前时间偏移技术来提高复杂构造成像精度；对于速度横向变化大、构造复杂区的地震资料，需要应用叠前深度偏移来提高复杂构造成像的准确性。

图 1.1　地震资料处理实习技术流程

1.2　地震资料解释实习概述

地震资料解释的主要目的是综合利用地质、测井和地震资料，确定地层构造形态和空间位置，明确地层埋藏深度、构造幅度以及地层接触关系等地质构造特征。同时，利用地震数据的振幅、频率、相位、速度、时间等信息，解析地层的岩性、物性、含油气性等地质信息，开展油气成藏条件研究，为油气勘探和开发服务。

在对地震资料进行构造解释的过程中，应对工区内已有的地质、钻测井、地震资料信息进行分析，结合工区地下地质构造特征及地质任务，明确地震资料解释的主要层系和地震反射特征，选择合适的地震资料解释技术和相关参数，完成地震资料构造解释，获得准确的时间域和深度域构造图、厚度图及相关属性图等。

地震资料解释实习要求学生利用已有的地质、测井和地震资料，选取合适的解释技术和方法，将经过处理的地震信息变成地质成果，完成地震资料的构造解释工作。地震资料构造解释实习技术流程（常规构造解释流程）如图1.2所示，主要包括工区创建与管理、各类数据加载及检查、测井资料预处理、地震资料频谱分析、地震子波生成（理论子波创建或地震子波提取）、常规合成记录制作、井震层位标定、平面图与剖面图联合分析、层位追踪对比、相干体属性计算、断层解释、解释结果闭合检查、生成等t_0（双程垂直旅行时）构造图、建速度场、生成等深度构造图、数据体三维可视化显示、体属性与沿层属性提取，以及地层岩性、物性、含油气性解释等。对于复杂构造的区域，需要反复多次对解释结果的闭合性进行综合分析和对比。

图1.2 地震资料解释实习技术流程图

1.3 实习软件概述

实习采用的软件为GeoEast软件系统，由中国石油集团东方地球物理勘探有限责任公司研发，是具有独立知识产权的地震数据处理解释一体化系统，能够支撑大型数据处理中心与解释中心，能够进行大规模资料处理解释。GeoEast 1.0软件系统于2003年1月开始研发，2004年12月研发成功，目前已经发展到4.0版本，可满足现场处理和大规模室内处理、解释中心的需求，具备大连片、海量数据处理和多工区联合解释的能力，在常规处理、速度建模与成像、多波及VSP等地震资料处理技术，以及精细构造解释、储层预测、油气检测等解释与反演技术方面同步于国际先进水平，并拥有独创的特色配套技术。在软件系统研发过程中，至 2020 年获国家授权发明专利 263 件、软件著作权 121 项、企业标准 1 项、技术秘密 104 项。目前，GeoEast 软件已发展成为全球三大地震资料处理解释软件之一，整体性能达到国际先进水平，部分技术处于国际领先地位，在中国石油、中国石化、中国海油、淮南矿业集团、中国石油大学等 50 多家单位、院所和高校安装应用，实现了对进口软件的全面替代，成为中国石油处理解释主力软件平台，在国内重大油气发现参与率 70%以上，海外油气重要发现参与率超过 80%，实现了从"能用"到"好用"、从"让用"到"想用"的根本转变，被评为中国石油"十二五"十大工程利器，荣获国家科技进步二等奖。

1.4 实习报告编写要求

1.4.1 地震资料处理实习报告编写要求

地震资料处理实习报告须涵盖以下内容：

（1）前言：包括地震资料处理实习的基本目标和任务、地震数据简介、软件简介。

（2）原始资料分析：包括区域地质情况分析、采集参数分析、近地表条件分析、噪声分析、反射波有效频带分析、构造及速度变化分析等。

（3）主要处理技术、模块及效果分析：包括地震资料数据加载、工区创建、观测系统建立的模块、流程及相关图件，以及静校正、去噪、反褶积、CMP 道集抽取、叠加速度分析、动校正和拉伸切除、剩余静校正、多次波压制、叠加、偏移等的基本原理、模块、流程及相关图件。每项技术占一小节，每小节介绍技术的基本原理、主要目的、模块名称、参数对话框图、处理效果对比图，并进行简要分析与说明。

（4）成果剖面分析：对叠加剖面和偏移剖面的质量进行评价，对偏移剖面所反映的地震和地质构造特征进行初步分析和解释。

（5）结论与认识：总结地震资料处理实习的收获与认识。

1.4.2 地震资料解释实习报告编写要求

地震资料解释实习报告须涵盖以下内容：

（1）前言：包括地震资料解释实习的基本目标和任务、地震数据简介、软件简介。

（2）主要解释技术、模块及效果分析：包括工区创建、地震资料数据加载及管理、测井数据加载及管理、地震频谱分析、地震子波生成、合成记录制作、井震层位标定、相干体属性计算、常规构造解释、构造平面成图、地震属性提取、三维可视化显示等的基本原理、主要目的、模块名称、参数设置、解释效果及相关图件，并进行简要分析与说明。

（3）解释成果分析：对井震合成记录标定效果的评价，以相关系数为准；地震层位追踪对比和断层解释效果的分析，最终构造成图效果的分析与评价，以深度误差为准。

（4）结论与认识：总结地震资料解释实习的收获与认识，包括软件熟练程度、成果图件精度及地质认识。

2 地震资料处理实习技术

本章介绍了地震数据格式、观测系统、SPS 文件、地震数据显示和原始资料分析方法，以及地震资料处理基本流程中的基准面静校正、规则干扰和随机干扰压制、振幅处理、反褶积、CMP 道集分选、叠加速度分析、动校正、剩余静校正、多次波压制、叠加、叠后时间偏移等处理技术。

2.1 地震数据格式、观测系统与 SPS 文件

2.1.1 地震数据格式

地震数据一般以二进制格式存储。地震数据由多道地震数据组成，在保存每道数据的同时，一般还应保存每道的道头字信息（用于说明该道数据的炮点和检波点坐标、高程等信息），有的还会保存头块信息（说明整个地震数据的相关信息）。主要有以下两种数据存储方式：

存储方式 1：头块信息、道头信息、道数据、道头信息、道数据……

存储方式 2：道头信息、道数据、道头信息、道数据……

国际通用存储格式为 SEG（国际勘探地球物理学家学会）制定的 SEG-D 格式和 SEG-Y 格式等。SEG-D 格式为野外记录格式，SEG-Y 格式为室内处理、解释、成果数据格式，数据交换一般都采用此格式，其文件名后缀一般为 SEGY。SEG-Y 格式采用存储方式 1 存储，其中头块信息占 3600 字节，每道道头信息占 240 字节，每道数据占用字节数取决于每道的采样点数，关于 SEG-Y 格式的详细说明见附录。地震处理软件一般都定义自己的数据格式。

2.1.2 观测系统

观测系统是指激发点与接收点之间的相对位置关系。在实际地震资料采集中，若观测系

统发生变化，则称为变观。当炮点（即激发点）绝对位置确定后，根据观测系统，即可确定该单炮记录中各个接收点的绝对位置。

2.1.3 SPS 文件

目前普遍采用 SPS（Shell Processing Support format for land 3D surveys）格式来记录激发点、接收点和它们之间的关系文件，该格式最初由壳牌公司建立。SPS 文件主要包括如下三个文件：

（1）激发点文件（文件名后缀一般为 S），记录激发点桩号、坐标和高程等信息；
（2）接收点文件（文件名后缀一般为 R），记录接收点桩号、坐标和高程等信息；
（3）关系文件（文件名后缀一般为 X），记录激发点桩号、激发点与接收点之间的相对位置关系。

桩号是对地面位置的编号，不同的桩号对应不同的地面位置和地面高程。根据关系文件，可得各个实际激发点和相应接收点的桩号，根据桩号在激发点文件和接收点文件中可以查找到相应的坐标和高程等信息。

2.2 地震数据显示与原始资料分析

2.2.1 地震数据的显示方式

地震数据的显示方式主要包括波形、变面积、波形+变面积、变密度等几种，如图 2.1 所示。变密度采用颜色来表示振幅值的大小，可以显示为黑白或者彩色。

2.2.2 原始资料分析

在对地震资料进行处理之前，首先要对原始资料进行分析。分析野外地表条件（包括高程等）的变化和单炮记录上初至波时间的变化，对静校正问题进行分析和评价；分析单炮记录上存在的规则干扰波类型及其视速度和频率范围、有效波的频率特征等，对记录的信噪比和分辨率进行分析和评价；根据工区以往地质认识和勘探成果，对地下地质情况（主要地质层位和目标地质层段）进行分析和评价。在此基础上，设计出针对性的地震资料处理流程，来有效提高地震资料的信噪比、分辨率和成像精度。

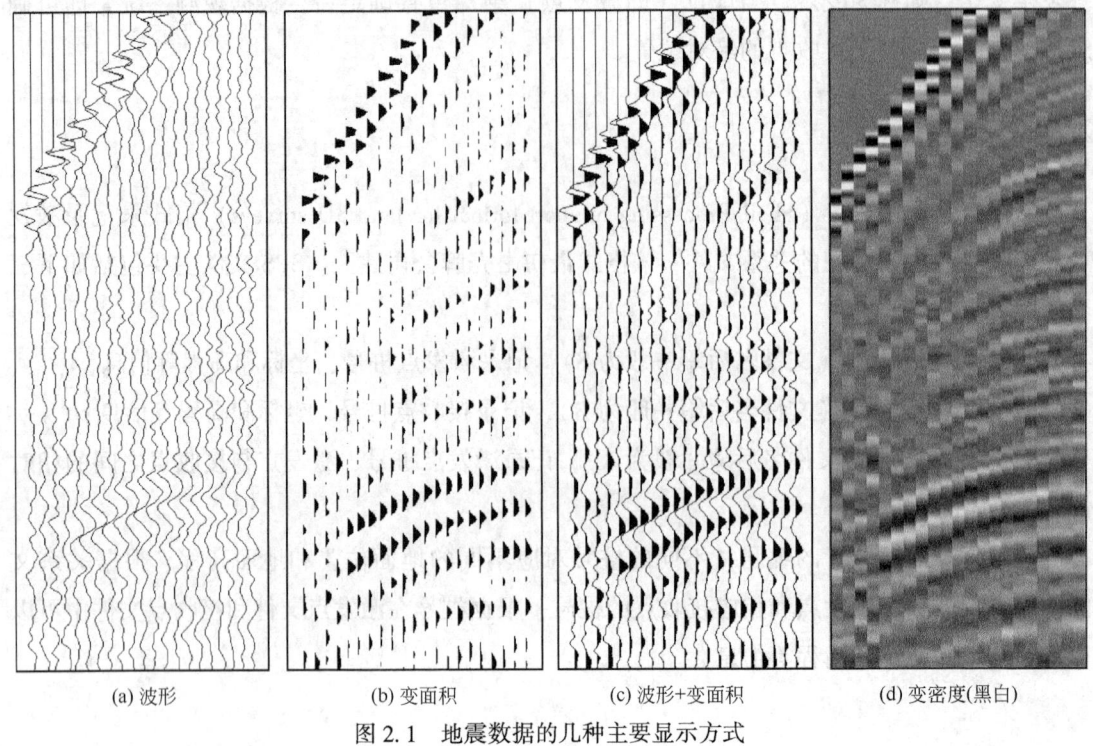

(a) 波形　　　　　(b) 变面积　　　　(c) 波形+变面积　　　(d) 变密度(黑白)

图 2.1　地震数据的几种主要显示方式

2.3　基准面静校正

2.3.1　基准面静校正的概念

基准面静校正是陆地地震资料常规处理流程中必不可少的一环，是实现共中心点叠加的一项最主要的基础工作。在常规地震资料处理中，通常要求反射波时距曲线近似为双曲线，其成立的条件包括观测面水平、横向速度变化不大和炮检距较小。基准面静校正则把所有的激发点和接收点都校正到同一面上（通常这个面为一个水平面），这个面称为基准面，并将低速带速度替换成一个较高的常速度（称为替换速度或者填充速度）。经过基准面静校正后，观测面变得水平，速度横向变化变小，有效消除地表起伏和低速度纵、横向变化对反射波旅行时间的影响，使得反射波时距曲线更接近双曲线。

2.3.2　基准面静校正量的计算

图 2.2 为基准面静校正示意图。设替换速度为 v，则该道基准面静校正量为

$$\Delta\tau = \frac{h_O - h_H}{v_0} + \left(\frac{h_1}{v_0} - \frac{h_1}{v}\right) + \frac{h_R}{v_0} + \left(\frac{h_2}{v_0} - \frac{h_2}{v}\right)$$

式中，右端四项依次为激发点高程校正量、激发点低速带校正量、接收点高程校正量和接收点低速带校正量。从地震记录时间中减去 $\Delta\tau$，即完成了基准面静校正。

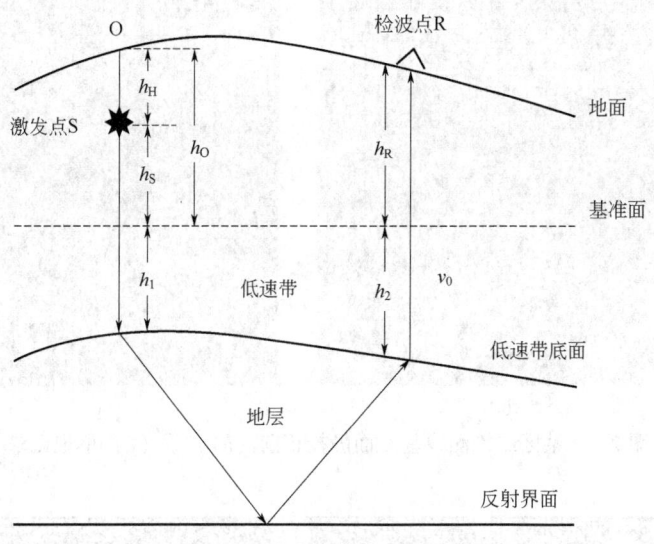

图 2.2 基准面静校正示意图

h_H 为炮点深度，h_S 为炮点到基准面的距离，h_O 为炮点地面位置到基准面的距离，
h_R 为检波点地面位置到基准面的距离，h_1 为炮点处基准面位置
到低速带底面的距离，h_2 为检波点处基准面位置到低速带底面的距离，
v_0 为低速带速度

在地震资料采集环节，除了采集得到原始单炮记录之外，也会提供静校正量（通常称为野外静校正量）。当静校正问题不大时，采用野外静校正量进行基准面静校正，后面再进行剩余静校正即可。当静校正问题较严重时，需要在室内计算基准面静校正量。从上面的计算公式可见，求取基准面静校正量的关键在于计算近地表低速带速度 v_0。在室内计算基准面静校正量时，通常利用初至波旅行时间反演获得近地表速度，因此，需要从单炮记录上拾取初至波旅行时间。

2.3.3 基准面静校正效果评价

图 2.3 为某区二维测线基准面静校正前后单炮记录，可见由于近地表起伏导致单炮记录上初至波同相轴横向变化剧烈，使得双曲时距特征的反射波同相轴发生扭曲而无法识别；基准面静校正之后初至波同相轴横向变化变得光滑，可以清晰地看到呈现双曲时距特征的反射波同相轴。图 2.4 为某区二维测线基准面静校正前后 CMP 叠加剖面对比图，可见基准面静校正后叠加剖面上反射波同相轴的连续性和信噪比得到明显提高。

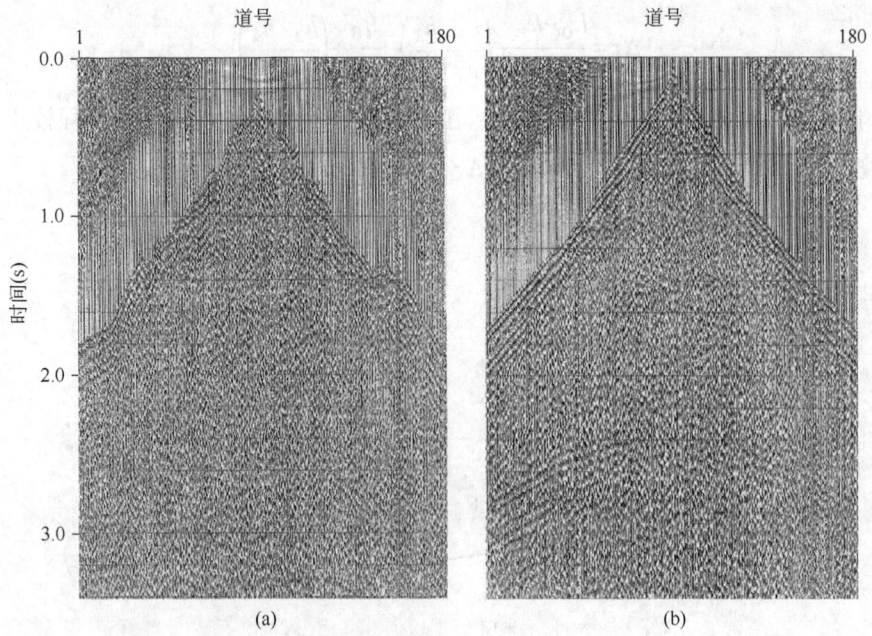

图 2.3 某区二维测线基准面静校正前（a）、后（b）单炮记录

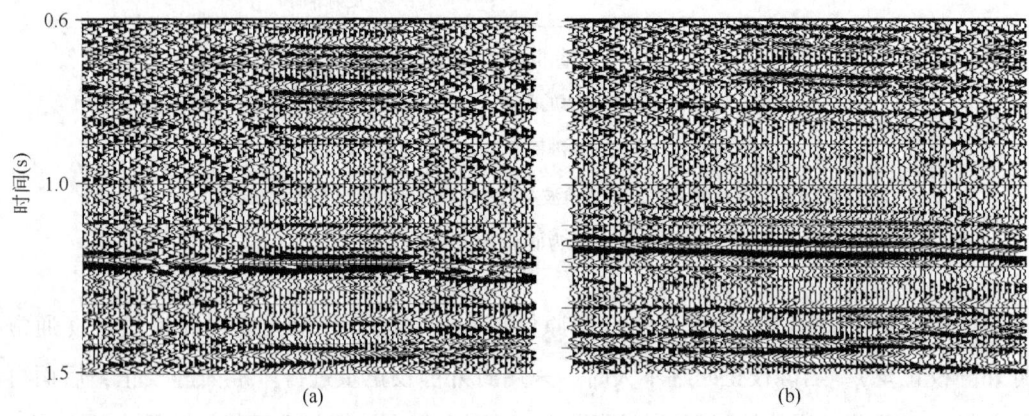

图 2.4 某区二维测线基准面静校正前（a）、后（b）CMP 叠加剖面

2.4 规则干扰压制和随机干扰压制

在地震资料采集过程中，受外界条件、施工因素和仪器等多种因素的影响，导致地震记录上存在多种干扰波（图 2.5）。这些干扰波干涉了地震资料中的有效波，降低了地震资料信噪比，必须采用各种手段来压制干扰波。对于反射波地震勘探，一次反射波为有效波，其余均为干扰波。干扰波（又称噪声）包括规则干扰和随机干扰，其中规则干扰主要包括面波、线性干扰、单频工业电干扰、异常振幅等。干扰波压制需要利用其与有效波的振幅、视

速度、频率等的差异。

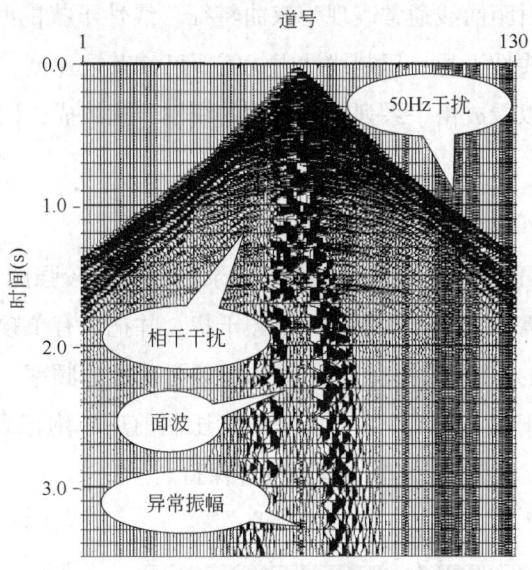

图 2.5 某区包含多种干扰的原始单炮记录

2.4.1 规则干扰压制

1. 面波压制

相对于有效波而言，面波的速度低、频率低，利用这些差异即可有效压制它。在对面波进行压制前，需要已知面波的速度和主频信息参数。通过对单炮记录进行分析，可以得到这两个参数。图 2.6 为压制面波前后单炮记录对比图，以及压制掉的面波，可见面波得到有效压制，反射波同相轴变得更为清晰，压制掉的面波中未见反射波。

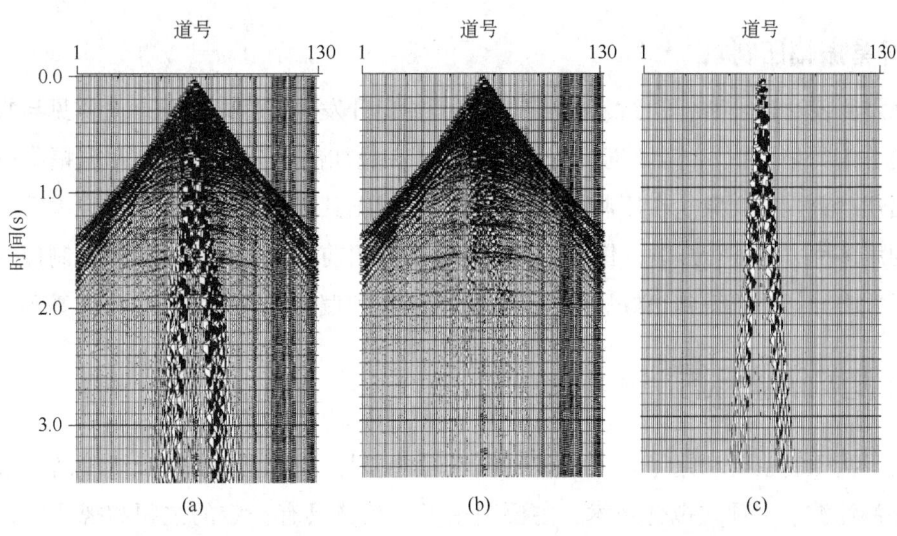

图 2.6 某区压制面波前（a）、后（b）单炮记录，以及压制掉的面波（c）

— 11 —

2. 线性干扰压制

单炮记录上反射波时距曲线通常表现为双曲特征，线性干扰的时距曲线则表现为线性，利用这种差异可以压制线性干扰。压制线性干扰需要已知其视速度，在单炮记录上进行分析即可获得。由于面波可以看成由一系列不同频率的线性干扰组成，因此线性干扰压制方法也可以用来压制面波。

3. 单频工业电干扰压制

当地震测线通过高压线路区域时，在地震记录上会产生较强的50Hz单频工业电干扰。为了有效压制它，首先需要判断干扰是否为单频干扰，并把含有单频干扰的地震记录识别出来；然后对初至波之前的记录进行分析，计算出单频干扰波的频率、振幅和相位参数，在此基础上预测和压制单频干扰。图2.7为工业电干扰压制前后单炮记录及频谱，可见50Hz工业电干扰得到有效压制，50Hz有效信号得到较好保持。

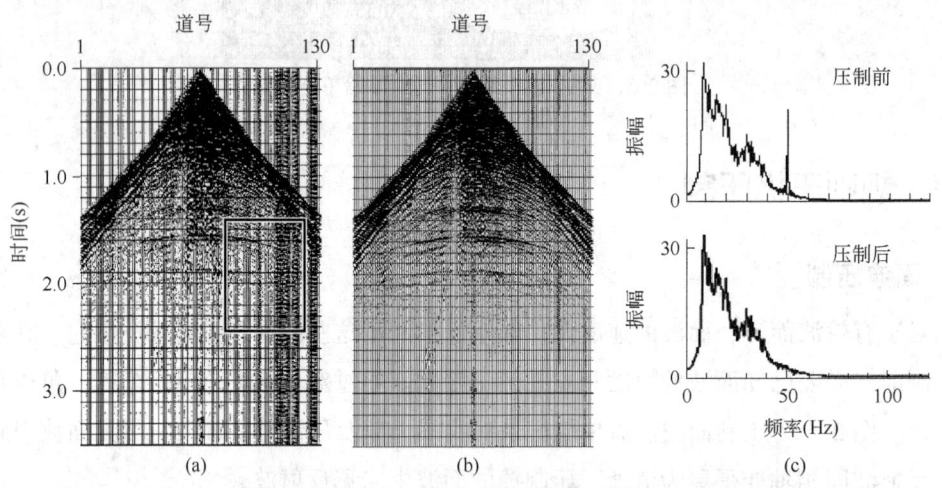

图2.7 某区工业电干扰压制前（a）、后（b）单炮记录及压制前后的频谱（c）

4. 异常振幅压制

当地震测线通过公路、铁路、矿山、城镇、油田开发区时，地震记录上常见异常强振幅干扰（也称为野值干扰），若不对其进行压制，则在叠加剖面会出现强异常振幅，在偏移剖面上会出现严重画弧现象。在压制异常振幅时，应根据其与反射波在振幅和频率等特征上的差异，利用多种方法进行压制。图2.8为压制异常振幅前后单炮记录，以及压制掉的异常振幅，可以看出异常振幅得到很好压制，为后续的叠加和偏移处理奠定了良好的基础。

2.4.2 随机干扰压制

随机干扰压制主要利用了与一次波的统计特性差异。目前发展的若干压制方法，例如F-X域预测滤波、多项式拟合技术，主要利用了一次波具有一定的主频和视速度，具有可预测性，而随机干扰没有一定的主频和视速度，不具有可预测性。

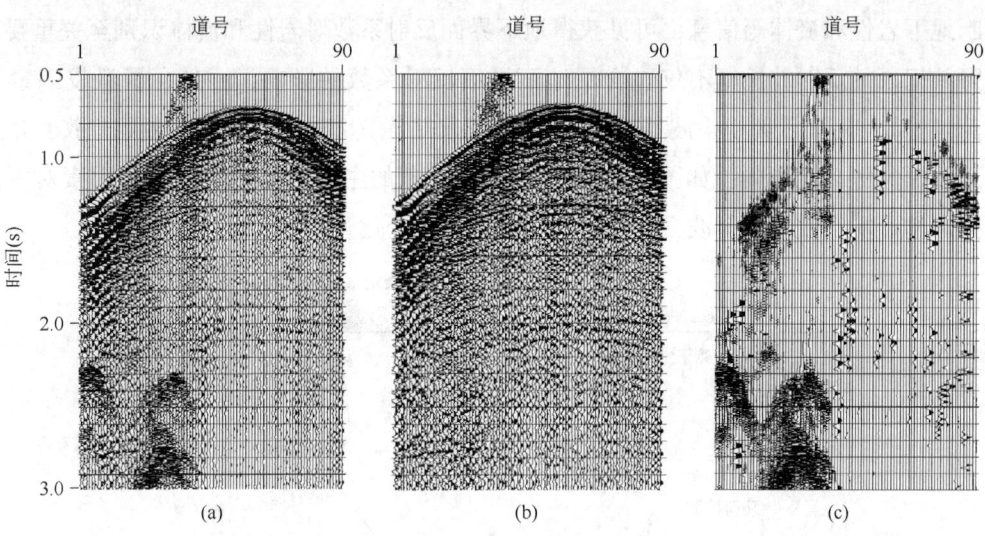

图 2.8　某区压制异常振幅前（a）、后（b）单炮记录及压制掉的异常振幅（c）

图 2.9 为规则干扰和随机干扰综合压制前后的 CMP 叠加剖面，由于面波、异常振幅、线性干扰和随机干扰的存在，导致叠加剖面信噪比较低，在规则干扰和随机干扰综合压制后，叠加剖面信噪比明显提高。

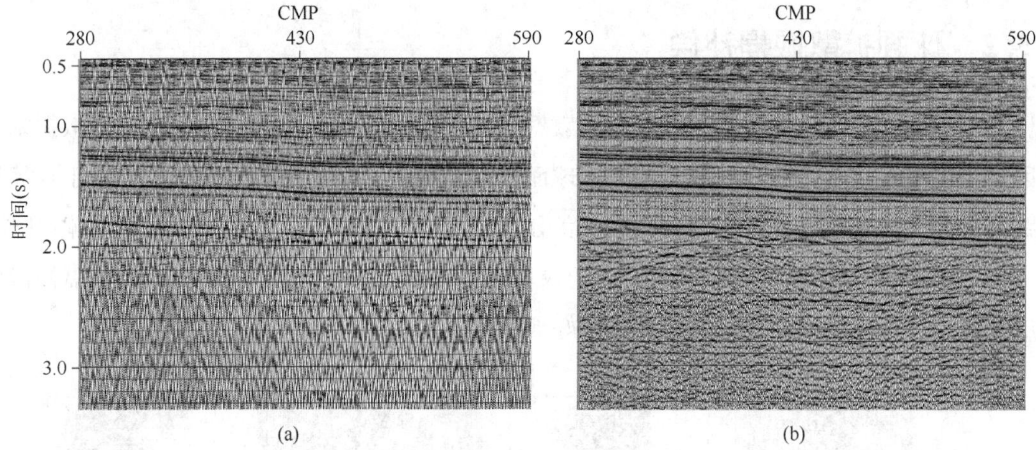

图 2.9　某区二维资料规则干扰和随机干扰压制前（a）、后（b）CMP 叠加剖面对比

2.5　振幅处理

2.5.1　影响反射波振幅的因素和振幅处理的主要目的

利用反射时间，可以获得地下地质构造信息；利用地下不同地层分界面反射系数，则可

以推断地下岩性和流体等信息，可见获得地下界面反射系数对岩性和流体识别至关重要。但是，野外记录的反射波振幅不仅包含了地下界面反射系数的影响，还包含了激发因素（井深、药量等）、接收因素（检波器耦合、近地表条件等）和传播因素（球面扩散、介质吸收、透射损失等）的影响，如图 2.10 所示。振幅处理的主要目的是消除各种因素对一次反射波振幅的影响，使得反射波振幅仅反映反射系数的变化。

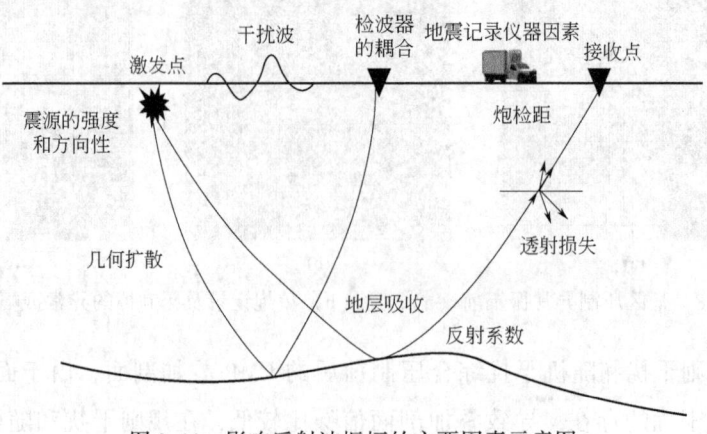

图 2.10　影响反射波振幅的主要因素示意图

2.5.2　球面扩散振幅补偿

在振幅处理中，通常需要进行球面扩散振幅补偿来消除球面扩散影响。球面扩散振幅补偿因子与传播距离有关，传播距离越大，球面扩散越严重，振幅补偿因子越大。由于计算传播距离需要已知速度，所以需要通过速度分析获得速度，进而进行球面扩散振幅补偿。图 2.11 为球面扩散振幅补偿前后的单炮记录和振幅曲线，由图可见，球面扩散振幅补偿后浅层和深层、近远偏移距的振幅差异被很好地补偿。

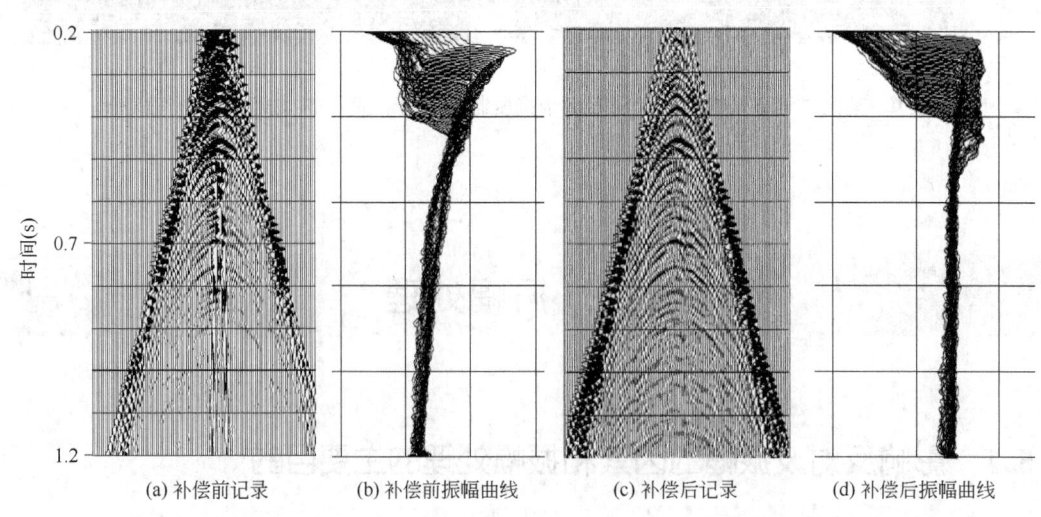

图 2.11　某区二维测线球面扩散振幅补偿前后的单炮记录和振幅曲线对比图

2.5.3 地表一致性振幅处理

地表一致性振幅处理的目的是消除由激发条件、接收条件不同而带来的振幅差异。地表一致性一般作如下假设：激发点和接收点的振幅影响因子仅与其位置有关，不随时间变化，对整道是一个常数，其中，激发点振幅影响因子反映了震源强度、表层衰减等因素影响，接收点振幅影响因子反映了表层衰减、检波器耦合等因素影响。因此，某一激发点对该激发点道集内的各道振幅影响是一致的，某一接收点对该接收点道集内的各道影响也是一致的，即同一激发点的所有道具有该激发点的补偿因子，同一接收点的所有道具有该接收点的补偿因子。

地表一致性振幅处理一般通过三个步骤来实现。首先对反射波振幅进行分析，计算出各道反射波振幅，选择反射波比较强、干扰波比较弱的地震记录（通过给定时间和炮检距范围来控制）进行计算；然后对反射波振幅进行分解，得到激发点、接收点的影响，计算出相应的振幅补偿因子；最后将补偿因子应用于单炮记录各道中，消除激发点、接收点对反射波的影响差异。

图2.12为球面扩散振幅补偿和地表一致性振幅补偿前后的炮集记录对比图，可见补偿前浅、中、深层反射波振幅差异大，不同单炮之间振幅差异大；球面扩散振幅补偿和地表一致性振幅补偿之后，浅、中、深层反射波振幅差异减小，不同单炮间的振幅变得基本一致。

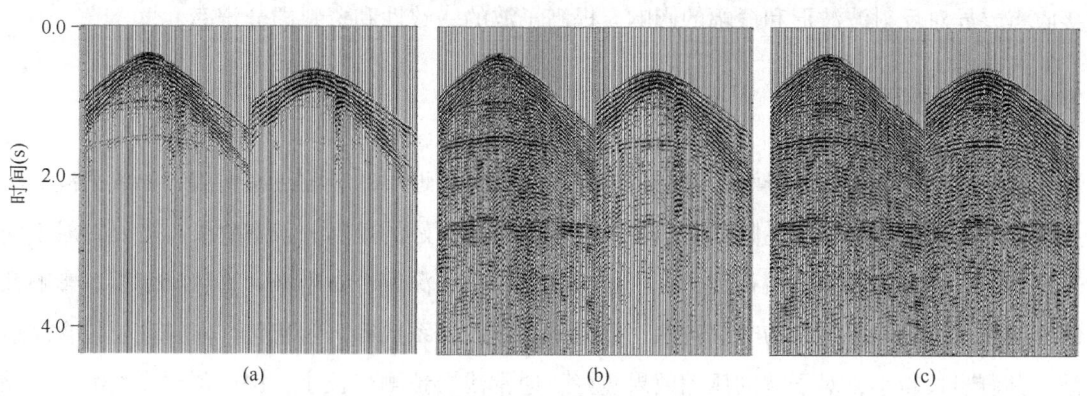

图2.12 某区地震资料振幅补偿前（a）、球面扩散振幅补偿后（b）、
球面扩散振幅补偿+地表一致性振幅补偿后（c）的炮集记录对比图

2.5.4 其他振幅处理方法

为了提高地震资料的分辨率，可以进行吸收补偿处理（也称反Q滤波），来补偿地层对地震波的吸收，达到提高主频和拓宽频带的目的。为了进一步提高恢复得到反射系数的精度，还可以进行透射损失补偿，它需要已知较为准确的地下速度模型。

2.6 反褶积

反褶积的主要目的是提高分辨率。在实际地震资料处理中，通常需要进行地表一致性反褶积和预测反褶积。目前的反褶积方法通常假设子波是最小相位的，由于可控震源地震记录的子波为零相位，在对该记录进行反褶积处理前，需要将子波的相位由零相位转换成最小相位。

2.6.1 地表一致性反褶积

地表一致性反褶积主要消除由于激发、接收等因素引起的地震记录间子波的差异，使子波变得一致，同时适当提高分辨率。通常假设影响地震子波的因素为炮点、检波点、共中心点（CMP）和炮检距四个因素，每一项对子波的影响可以看成一个线性时不变系统（褶积关系）。地表一致性反褶积一般也通过三个步骤来实现。首先计算反射波振幅谱，选择信噪比较高的地震记录（通过给定时间和炮检距范围来控制）来进行计算，为了便于后面的谱分解，一般计算出对数谱（振幅谱取对数）；然后对该谱进行分解，得到激发点、接收点的影响，计算出相应的反褶积因子；最后将反褶积因子应用于单炮记录各道中，消除激发点、接收点差异对反射波波形和振幅的影响，提高子波的一致性和资料的分辨率。

2.6.2 预测反褶积

预测反褶积通过压缩子波长度来提高分辨率。由于地层的吸收衰减作用，导致子波在浅层主频高、长度小，深层主频低、长度大，为了得到更好的提高分辨率效果，需要针对不同长度子波计算出不同的反褶积因子。一般分成浅、中、深三个时窗来计算和反褶积。影响预测反褶积效果的主要参数为时窗范围、预测步长和白噪系数等。时窗范围内应主要包含反射波；预测步长越小，对子波的压缩效果越好，通常浅层预测步长小，深层预测步长大；白噪系数用来控制反褶积的稳定性，通常浅层白噪系数小，深层白噪系数大。一般通过反褶积处理参数试验来优选预测步长和白噪系数。

在对反褶积效果进行评价时，一般在时间域分析波形特征，在频率域分析振幅谱特征。若时间域波形越瘦、频率域主频越高和频带越宽，则说明分辨率越高。同时，还可以利用地震记录的自相关来评价反褶积效果，这是因为可以利用地震记录的自相关来近似表示子波的自相关。图 2.13 为反褶积之前、地表一致性反褶积后、地表一致性反褶积+预测反褶积后 CMP 叠加剖面对比图，可见地表一致性反褶积后波形变瘦，分辨率有所提高；在此基础上再进行预测反褶积，分辨率得到进一步提高。图 2.14 为反褶积前后的炮集自相关对比图，由图可见，反褶积前不同炮集之间自相关函数差异大，说明子波的一致性不好；经过地表一致性反褶积之后，自相关函数横向一致性变好并且子波得到一定程度压缩，说明子波的一致性变好且分辨率得到提高；在此基础上再进行预测反褶积，自相关函数主瓣外的旁瓣得到进一步压缩，分辨率得到进一步提高。

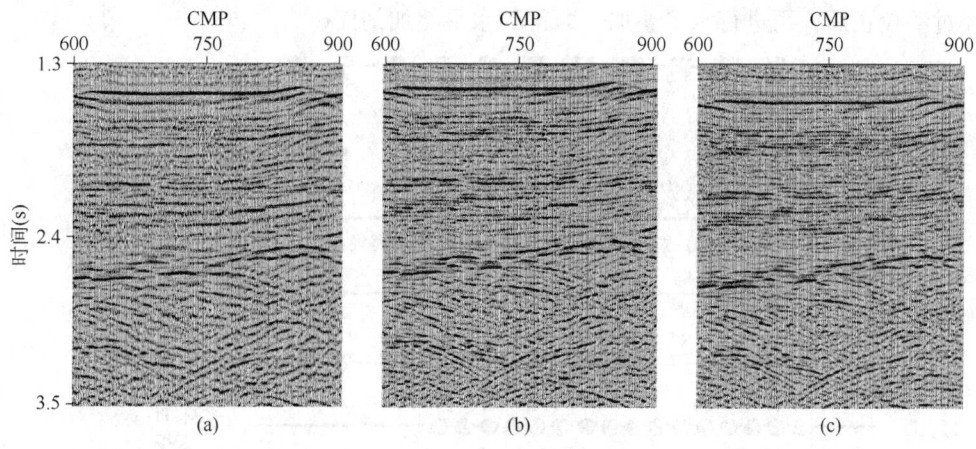

图 2.13 反褶积之前（a）、地表一致性反褶积后（b）、地表一致性反褶积+预测反褶积后（c）CMP 叠加剖面对比图

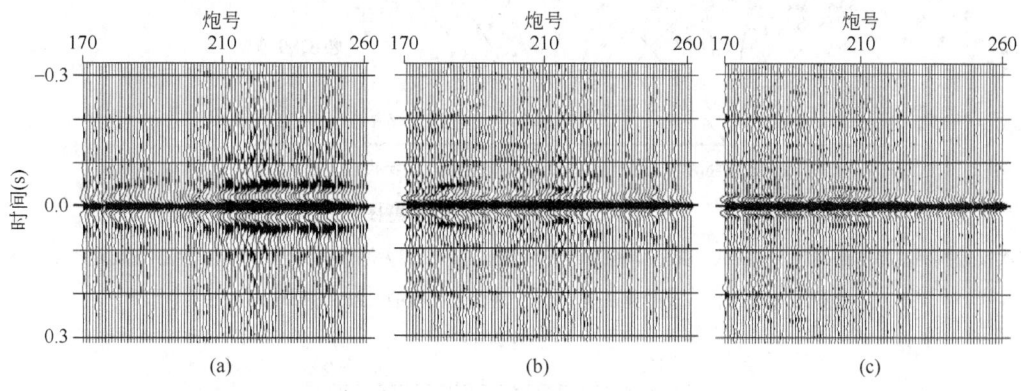

图 2.14 反褶积之前（a）、地表一致性反褶积后（b）、地表一致性反褶积+预测反褶积后（c）炮集自相关对比图

2.7 CMP 道集分选

之前的处理在炮集数据上进行，通过本步 CMP 道集分选，后续的处理将在 CMP 道集或 CMP 叠加、偏移剖面上进行。CMP 道集的抽取，是指根据由炮点和检波点间距确定的 CMP 面元范围内，把不同炮集中拥有共中心点的道抽取出来，将这些地震道排列到一起，形成一个新的集合。当地震数据置完道头以后，每个地震道的 CMP 号、线号、炮检距等各种信息

就已经存在了,因此,分选就是利用道头信息,按要求将地震道排列到一起。二维测线 CMP 分选按 CMP 号从小到大,一般使用 CMP、炮检距两级分选。图 2.15 为 CMP 道集分选示意图,显示了激发点位置、接收点位置、反射波传播路径、CMP 位置、两个 CMP 道集的激发点和接收点位置。图 2.16 为对某实际二维地震资料分选得到的一个 CMP 道集。CMP 道集经过动校正后,再进行水平叠加,即得到水平叠加剖面。

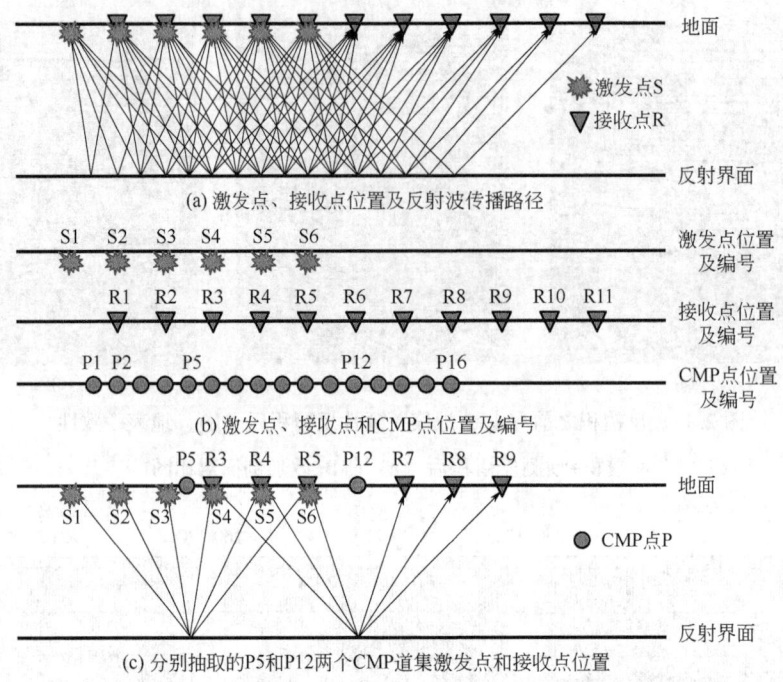

图 2.15　CMP 道集分选示意图

以三次覆盖为例,每炮激发时六道接收,最小炮检距等于一个道间距,最大炮检距等于六个道间距,炮间距等于道间距,共激发六炮,CMP 范围为 P1 至 P16,满覆盖次数的 CMP 范围为 P5 至 P12

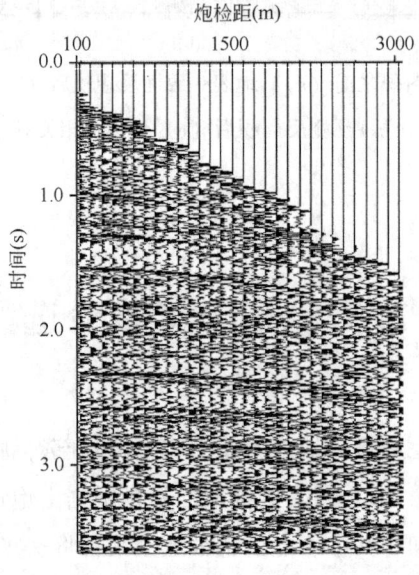

图 2.16　某二维资料通过 CMP 道集分选得到的一个 30 次覆盖的道集(按炮检距大小排列)

2.8 叠加速度分析

通常假设 CMP 道集上反射波时距曲线为双曲线，并用双曲线时距方程进行描述，该方程中的速度称为动校正速度或者叠加速度。利用不同速度对 CMP 道集进行动校正，会得到不同的动校正效果，从这个意义上把该速度称为动校正速度，而把反射波同相轴校平的速度称为准确的动校正速度。利用不同的速度对 CMP 道集进行动校正之后再叠加，得到的叠加效果也不同，从这个意义上把该速度称为叠加速度，而把反射波同相轴校平后进行叠加，能够得到最好的叠加效果，此时的速度即为准确的叠加速度。一般认为动校正速度和叠加速度是等价的。

叠加速度分析的目的是获得一次反射波的叠加速度，该速度将应用于后续的动校正。常规叠加速度分析方法包括相关方法和叠加方法。

2.8.1 叠加速度谱的制作

在进行叠加速度分析时，首先需要生成速度谱，然后对它进行人工交互解释得到叠加速度。由于人工解释比较费时，所以并不在每个 CMP 位置都生成速度谱，一般间隔几十个 CMP 生成一个速度谱，对解释的若干个 CMP 叠加速度进行纵向、横向插值，得到各个 CMP 各个 t_0 时间的叠加速度。为了提高叠加速度谱质量，一般选择速度分析点相邻几个 CMP 道集按炮检距求和后再制作叠加速度谱。

2.8.2 叠加速度谱解释的基本原则

在对速度谱进行解释时，尽量拾取速度分析测量因子值最大的位置；拾取的叠加速度能够使 CMP 道集上反射波同相轴拉平程度最高；在速度横向变化小、地层倾角较小的工区，叠加速度一般随 t_0 增大而增大，浅层增加快，深层增加慢。但是，对于速度横向变化大、地层倾角较大、构造复杂的工区，叠加速度可能会出现反转现象，即深层的叠加速度小于浅层的叠加速度。

2.8.3 速度谱加密和低信噪比资料速度谱的解释

在构造变化剧烈区，叠加速度横向变化比较大，为了提高叠加速度横向插值精度，此时需要对速度谱进行加密和解释。对于信噪比较低的地震资料，在 CMP 道集上可能看不到反射波同相轴，难以通过检查反射波同相轴是否校平来判断叠加速度的准确性，此时应通过查看速度扫描叠加剖面上反射波同相轴的强弱，来判别叠加速度拾取的好坏。图 2.17 为用于速度解释的速度谱、CMP 道集和速度扫描叠加剖面。

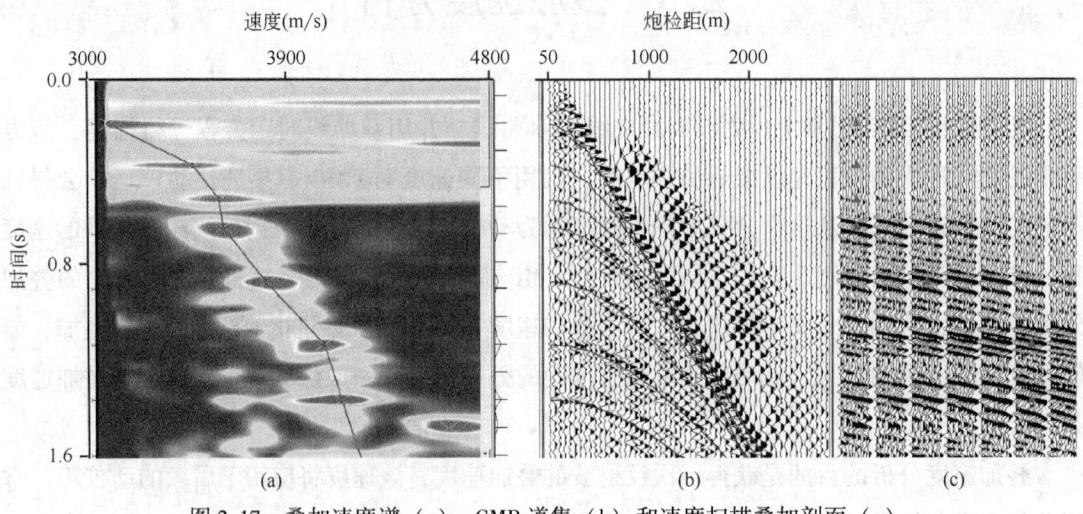

图 2.17　叠加速度谱（a）、CMP 道集（b）和速度扫描叠加剖面（c）

2.9　动校正和拉伸切除

动校正的目的是把记录的反射波时间校正到炮检中心点的 t_0 时间。当通过速度谱解释得到的叠加速度较为准确时，对 CMP 道集进行动校正后，反射波同相轴应该被校平。动校正存在拉伸现象，拉伸一般随着炮检距的增大而增大，随着 t_0 时间的增大而减小。动校正拉伸会导致反射波主频降低、叠加效果变差，因此需要对拉伸严重的动校正数据进行切除（即充零）。拉伸切除包括自动切除和手工切除。自动切除需要设置最大允许动校正拉伸率，超过该拉伸率的动校正数据会被切除，其余的数据则保留。手工切除需要在动校正道集上拾取切除线，然后根据拾取的切除线进行拉伸切除。一般每隔几十个 CMP 拾取一个切除线，未拾取切除线的 CMP 位置通过横向插值得到切除线。图 2.18 为原始 CMP 道集、动校正后 CMP 道集，（a）中两条双曲线和（b）中的两条水平直线示意了两个反射波同相轴动校正前后对比，可以看出叠加速度较准确，CMP 道集内反射波同相轴被较好地校平；（b）中的斜线以外区域是动校正拉伸切除区，可见该区域中动校正拉伸现象较为严重，把这个区域数据充零，即有效切除了动校正拉伸，为后续的水平叠加奠定良好的数据基础。

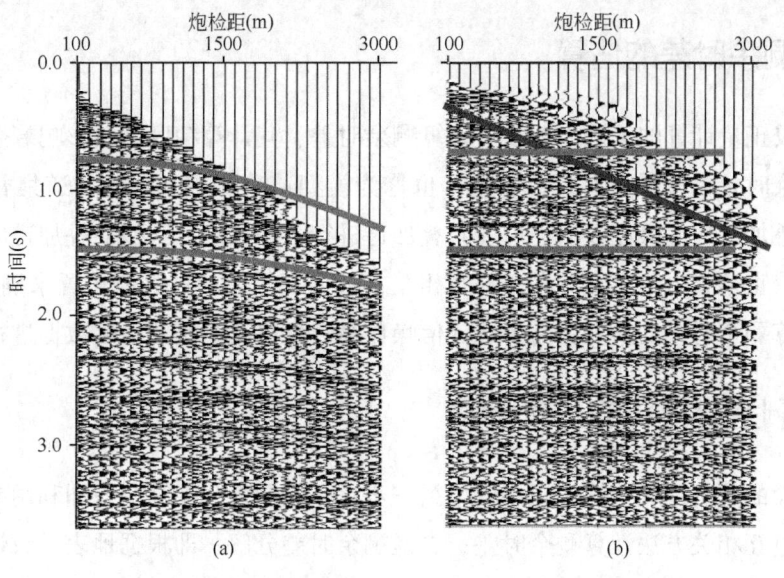

图 2.18 CMP 道集（a）和动校正后道集（b）

2.10 地表一致性剩余静校正

2.10.1 剩余静校正的目的

进行基准面静校正时，需要根据近地表低速带速度来计算静校正量。低速带速度一般通过对野外微测井（或小折射）获得的若干个位置的速度进行插值得到，或者利用初至波旅行时反演得到。插值或者反演得到的低速带速度均存在一定的误差，特别是在低速带速度和厚度横向变化较大的地区，这个误差更大，使得计算得到的激发点和接收点的基准面静校正量存在或正或负的误差，这个误差称为"剩余静校正量"，需要进一步通过地表一致性剩余静校正来解决。

2.10.2 地表一致性剩余静校正模型

剩余静校正的关键在于计算激发点和接收点的剩余静校正量，一般采用地表一致性剩余静校正模型来进行计算。该模型认为动校正道集上反射波同相轴不平、存在剩余时差，主要与动校正速度是否准确、激发点剩余静校正量、接收点剩余静校正量，以及构造引起的时差有关，据此可以将剩余时差分解成激发点剩余静校正量、接收点剩余静校正量、构造项和动校正剩余时差四项。根据此模型，利用剩余时差即可以计算出激发点剩余静校正量、接收点剩余静校正量，然后进行地表一致性剩余静校正。

2.10.3 剩余时差的估算

剩余静校正量计算的关键之一在于计算剩余时差，其计算精度直接影响剩余静校正的效果。计算剩余时差首先需要生成参考道（也称为模型道），一般将 CMP 道集叠加道作为参考道。如果叠加道的信噪比较低，可以对叠加道进行去噪处理，来提高叠加道的质量。然后通过计算动校正道集上各道与参考道的互相关，根据互相关的极大值位置来确定剩余时差。为了提高计算剩余时差的精度，需要选择信噪比高、反射波丰富的地震数据进行计算。

2.10.4 剩余静校正的三个步骤

根据上面的分析，剩余静校正主要包括三步：一是剩余时差计算，即利用参考道和动校正道集，通过互相关方法计算剩余时差；二是剩余时差分解，即根据地表一致性剩余静校正模型，利用剩余时差来分解得到激发点和接收点剩余静校正量；三是剩余静校正量应用，即将激发点和接收点剩余静校正量应用于 CMP 道集各道中，实现地表一致性剩余静校正。

2.10.5 剩余静校正的迭代过程

由于计算剩余静校正量需要利用动校正道集，生成动校正道集需要动校正速度，而存在剩余静校正量时计算得到的动校正速度存在一定的误差，也就是说，剩余静校正量和动校正速度会相互影响。为了不断减小这一影响，需要将速度分析、动校正、叠加、计算剩余静校正量、剩余静校正构成一个迭代过程，一般迭代几次至剩余静校正量小于一个时间采样间隔即可。第一次计算得到的剩余静校正量会较大，以后每次迭代计算得到的剩余静校正量会逐渐减小。

图 2.19、图 2.20、图 2.21 分别为剩余静校正前、第一次和第二次剩余静校正后叠加速

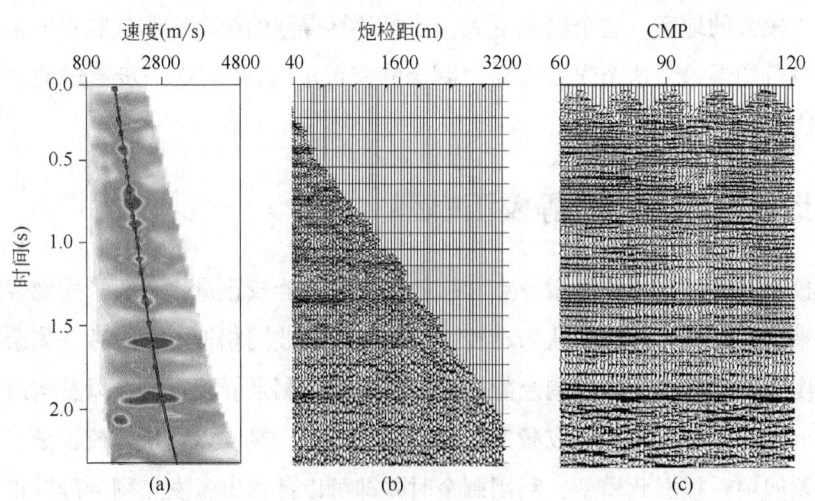

图 2.19　地表一致性剩余静校正前叠加速度谱（a）、NMO 道集（b）和叠加剖面（c）

度谱、NMO（动校正）道集、叠加剖面对比图。由图可见，经过第一次剩余静校正后，速度谱上能量团更加聚焦，NMO 道集上剩余时差减小，叠加剖面上的同相轴连续性明显变好、细节更为丰富；经过第二次剩余静校正后，速度谱、NMO 道集和叠加剖面质量得到进一步改善。

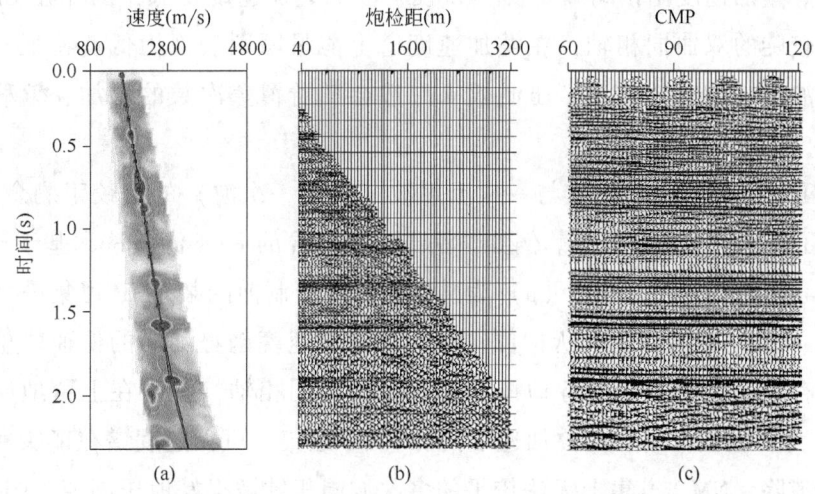

图 2.20　第一次地表一致性剩余静校正后叠加速度谱（a）、NMO 道集（b）和叠加剖面（c）

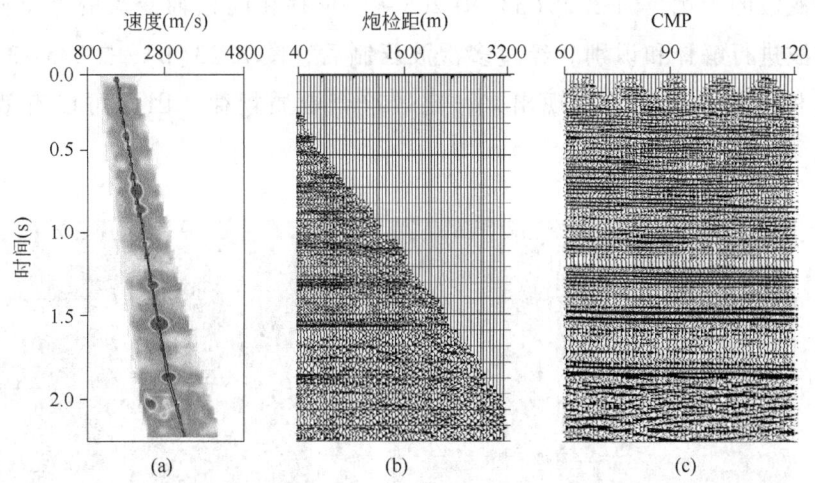

图 2.21　第二次地表一致性剩余静校正后叠加速度谱（a）、NMO 道集（b）和叠加剖面（c）

2.11　多次波压制

反射系数强的反射界面如气水分界面、基岩面、不整合面、火成岩（如玄武岩）和其他强反射界面（如石膏层、岩盐、石灰岩等）都容易发生较强的多次反射波。多次波类型有多种，常见的为全程多次波。全程多次波在地下某一深度界面发生反射后，传到地面又产生反射向下传播，在地下同一界面再产生反射传回到地面。当地下构造较为简单、界面近似于水平时，全程多次波的主要特征为：t_0 时间近似为一次反射波的整数倍，其叠加速度比相同 t_0 时刻一次反射波的叠加速度要低，因此在 CMP 道集上一般表现为较陡的双曲同相轴，在叠加速度谱上能量团则表现为低速特征。水平叠加是压制多次波的一种有效方法，压制效果一般会随着覆盖次数的增加、偏移距的增加而变好。

多次波压制主要利用多次波与一次反射波（简称一次波）的动校正剩余时差差异，目前也发展了若干其他压制方法。例如，基于时差差异的 F-K 滤波法和基于预测相减的波场外推法等。如图 2.22 所示，（a）为某区多次波压制前的某 CMP 道集叠加速度谱和 NMO 道集，可见速度谱在箭头所指位置存在与正常速度趋势不同的低速能量团，NMO 道集上同时存在一次波速度进行动校正无法校平的同相轴，说明在上覆地层产生了多次波；（b）为多次波压制后的叠加速度谱和 NMO 道集，可见速度谱在箭头所指位置低速能量团被消除，NMO 道集上无法校平的多次波同相轴被很好地压制掉。图 2.23 为某区多次波压制前后的偏移剖面对比，本区的主要勘探目的层位于 2.5~3.0s，由于受上覆地层强多次波的干扰，图 2.23(a) 中 2.5~3.0s 存在同相轴交叉的严重假象，无法对有效反射波进行解释和识别。经过多次波压制后，图 2.23(b) 中 2.5~3.0s 上的一次反射波同相轴较为清楚地呈现出来，比较符合地质规律，因此可以有效进行地质解释。

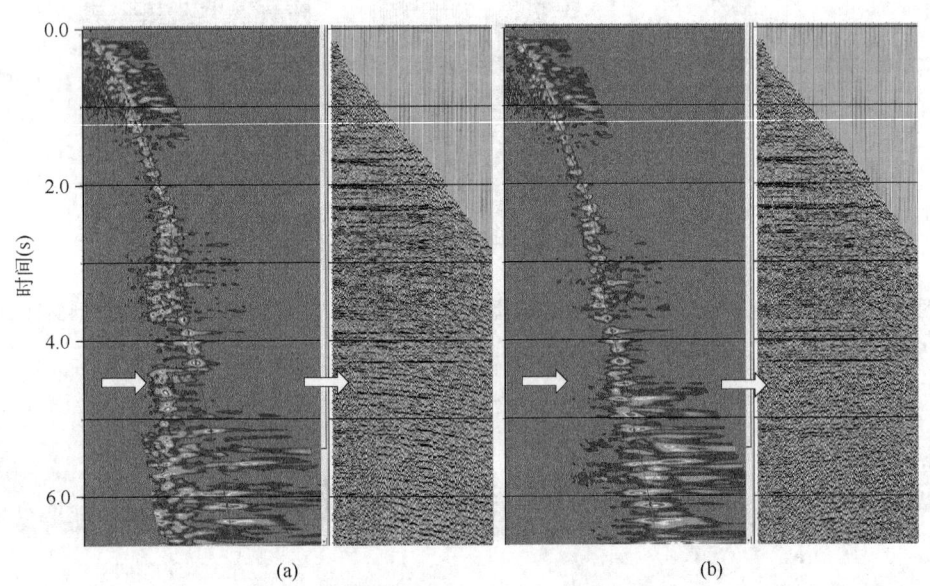

图 2.22　多次波压制前（a）、后（b）叠加速度谱和 NMO 道集

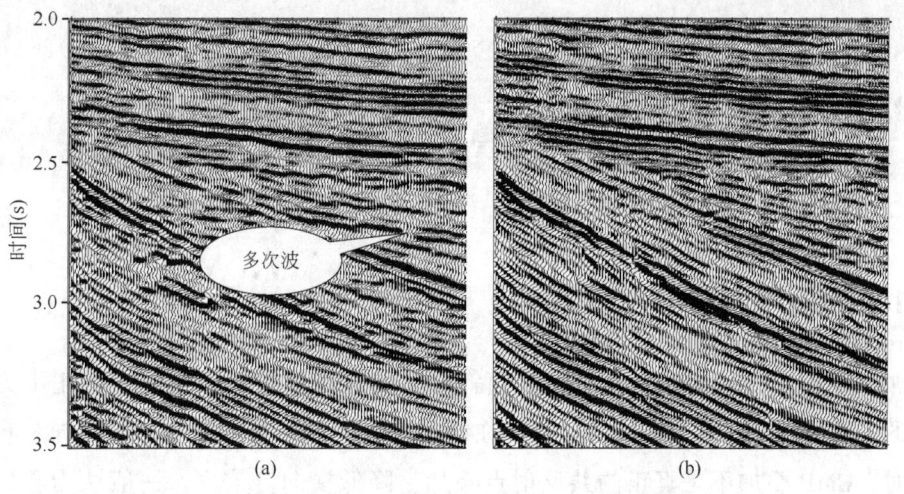

图 2.23 某区多次波压制前 (a)、后 (b) 偏移剖面对比

2.12 叠加

叠加是将 CMP 道集进行动校正后再进行水平叠加（计算均值）得到叠加道，其目的为压制多次波、随机干扰等干扰波，从而提高信噪比。若 CMP 道集内的道数为 N，则覆盖次数为 N，假设道集中仅包含一次反射波和随机噪声，则经过叠加后信噪比约提高 $\sqrt{N}$ 倍。图 2.24 为单次覆盖和 30 次覆盖叠加剖面对比，可见后者的信噪比明显高于前者。

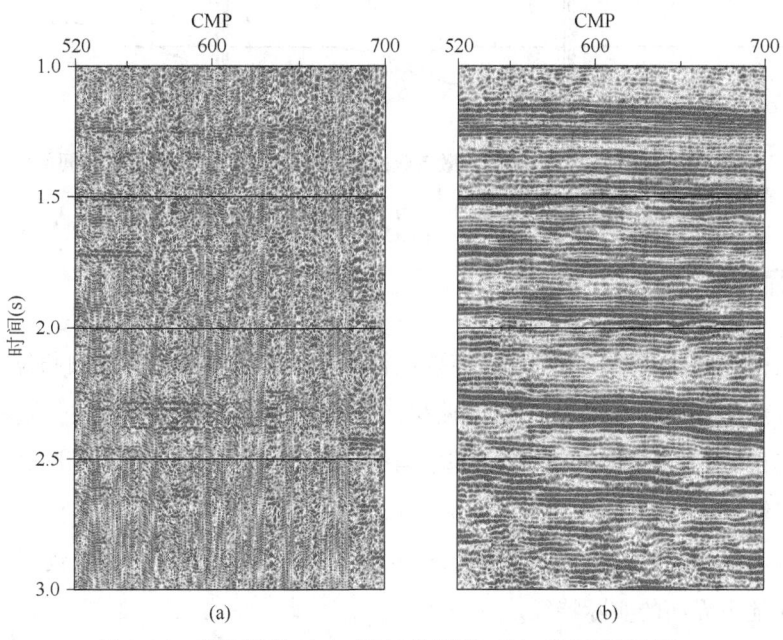

图 2.24 单次覆盖 (a) 和 30 次覆盖 (b) 叠加剖面对比

2.13 叠后时间偏移

2.13.1 叠加剖面存在的问题

叠加剖面存在的问题为：地下界面倾斜时，反射点不在地面接收点的正下方；在地层岩性的突变点（断点、尖灭点等），存在绕射波；菲涅耳带的大小影响横向分辨率；界面倾斜时，CMP叠加不是真正的共反射点叠加，降低横向分辨率。一般认为叠加剖面等价于自激自收剖面。图2.25为水平界面、向斜、背斜三个简单模型，以及正演得到自激自收时间剖面（子波为脉冲），由图可见，反射界面完全水平时，自激自收剖面反射波同相轴形态与实际地质模型界面形态一致；当模型存在背斜和向斜构造时，倾斜界面反射波同相轴存在交叉现象，与图上部的实际地质模型界面形态差别很大，需要进行偏移。

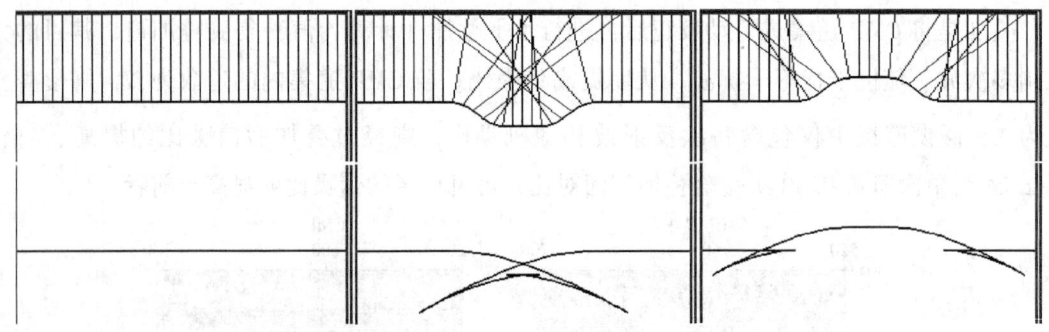

图 2.25 水平界面、向斜、背斜及其自激自收路径（上部）以及自激自收时间剖面（下部）

2.13.2 偏移的目的

为了解决叠加剖面上存在的问题，需要进行偏移处理来实现倾斜界面归位、绕射波收敛和提高横向分辨率。从图2.26上的时间偏移剖面可见，绕射波已经收敛，倾斜界面反射波归位到较准确位置上，同相轴交叉现象基本消失，凹陷左陡边界反射与凹陷各地层接触关系较为清晰，能够较好地反映地下地质构造特征。从图2.27对比图可以看出，经过时间域偏移处理后，倾斜界面得到归位，凹界面（向斜）和凸界面（背斜）得到较好成像，偏移剖面能直观反映地下界面的实际特征。

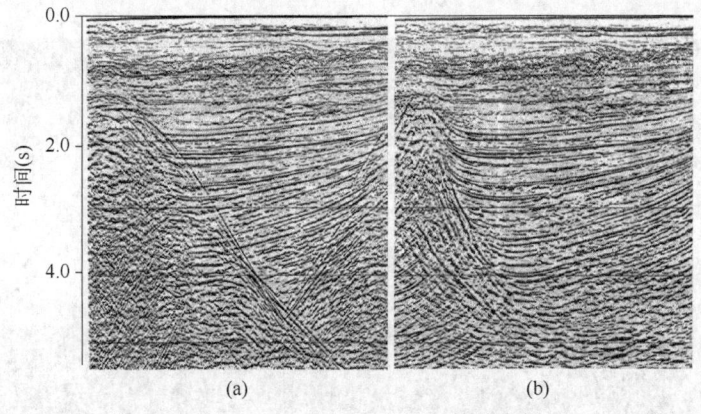

图 2.26 某区叠加剖面（a）和相应的时间域偏移剖面（b）示例一

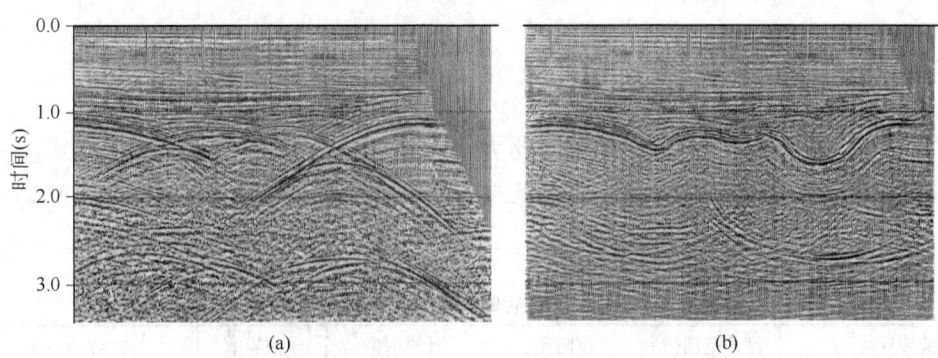

图 2.27 某区叠加剖面（a）和相应的时间域偏移剖面（b）示例二

2.13.3 偏移所需的速度模型

进行偏移需要已知偏移速度模型。对于地下构造简单、速度横向变化平缓的工区，可以采用叠后时间偏移方法，它需要已知均方根速度模型，通常做法是将叠加速度分析得到的叠加速度近似为均方根速度用于叠后时间偏移。对于地下构造复杂、速度横向变化不大的工区，为了得到较好的偏移成像结果，需要采用叠前时间偏移方法，通过叠前时间偏移速度分析求取较为准确的均方根速度场。对于地下构造复杂、速度横向变化大的工区，为了得到高精度偏移成像结果，需要进行叠前深度偏移。它需要已知层速度模型，可以把叠前时间偏移的均方根速度换算成初始层速度场，通过网格层析技术优化得到较准确的层速度场。图 2.28 为某叠后时间偏移速度场，它是对叠加速度场进行插值和平滑得到的，用于叠后时间偏移。在叠后时间偏移时，可以通过微调速度场（速度总体稍微增加或减小一定百分比）来获得最佳的偏移效果。

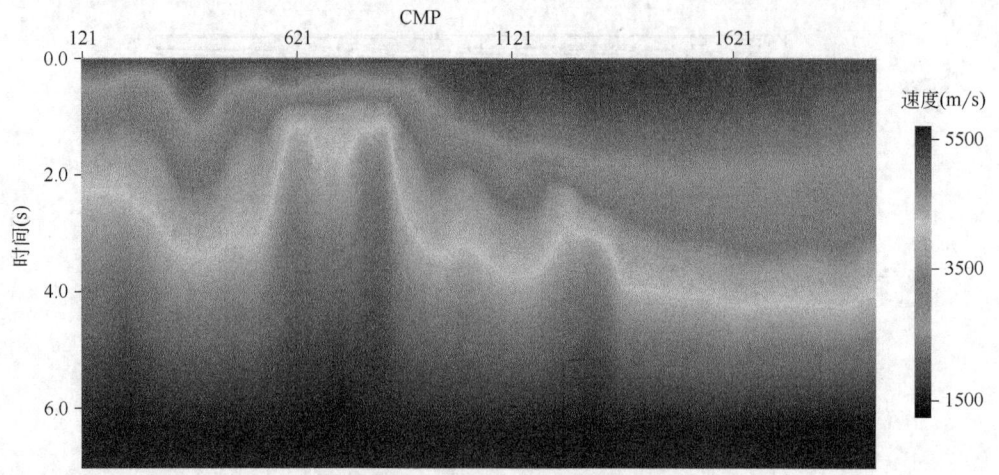

图 2.28 叠后时间偏移速度场

2.13.4 二维叠后时间偏移方法

目前,较为流行的二维叠后时间偏移方法主要为 Kirchhoff 积分偏移、频率—波数域 (F-K) 偏移、有限差分偏移 (FD)、频率—空间域 (F-X) 偏移等,表 2.1 为各种二维叠后时间偏移方法适用性比较,实际应用时可通过试验来选用。

表 2.1 不同二维叠后时间偏移方法适用性对比表

偏移算法	倾角范围(°)	横向速度	计算时间	子波保真	噪声背景
有限差分偏移	15	可变	少	发散	最小
频率—空间域偏移	15~80	可变	很长	发散	较大
频率—波数域偏移	90	不变	最少	保真	大
相移偏移	90	不变	较长	保真	大
Kirchhoff 积分偏移	90	可变	最长	保真	大
串联有限差分偏移	90	可变	较少	发散	较小

3 地震资料处理实习上机操作

本章主要介绍利用 GeoEast 软件系统进行地震资料处理实习的上机操作，处理所需的数据为原始地震数据和 SPS 文件。

3.1 地震资料处理软件介绍及数据准备

3.1.1 地震资料处理软件介绍及界面简介

经过不断地完善与升级，GeoEast 软件具备强大的地震资料处理能力。GeoEast 4.0 版本的常规处理子系统主要包括地震数据输入输出、观测系统、数据显示、辅助工具与质控、振幅处理、子波处理与反褶积、静校正、滤波、噪声压制、插值与规则化、速度分析、NMO（normal moveout correction，动校正）、DMO（dip moveout correction，倾角时差校正）、叠加、叠后偏移、叠后处理、Q（quality factor，品质因子）处理、积分法叠前偏移、叠前深度偏移、OVT（offset vector tile，炮检距矢量片）处理、混采处理、拖缆处理、多次波处理、宽频处理、AVO（amplitude variation with offset，振幅随炮检距变化）处理、OBN（ocean bottom nodes，海底节点）处理、多波处理、VSP（vertical seismic profiling，垂直地震剖面）处理等模块。

进入 GeoEast 处理解释一体化平台后，工具栏最上方为默认的 Processing 选项时，所显示的操作界面即为地震资料处理界面，如图 3.1 所示。地震资料处理工作界面主要由系统主菜单、工具条、主数据树区、进程管理区和数据信息显示区等部分组成，界面左侧为主数据树区，界面上方的常规处理工具条包括控制台（JobConsole）、交互地震数据显示与质控（SeismicView）、交互观测系统定义（Geometry）、交互速度分析（VelocityAna）等选项。

3.1.2 数据准备

地震资料处理实习所需数据为 SEG-Y（以下简写为 Segy）格式的原始地震数据及用于

定义观测系统的 SPS 文件，具体如下：

地震数据：R2015_ shot_ segyout。

SPS 文件：R2015.R、R2015.S 和 R2015.X 为例。

图 3.1 GeoEast4.0 处理系统工作界面

3.2 工区和测线的建立

在建立地震资料处理流程之前，需要先建立工区和测线。每个工区下可建立多条测线，每条测线下可建立多个处理流程。在主控数据树的项目图标处，鼠标右击选择 New 2D Survey，弹出新建二维地震工区的对话框由 General 和 Range 两页组成，在 General 界面输入工区名字，Range 界面参数缺省即可，如图 3.2 所示。

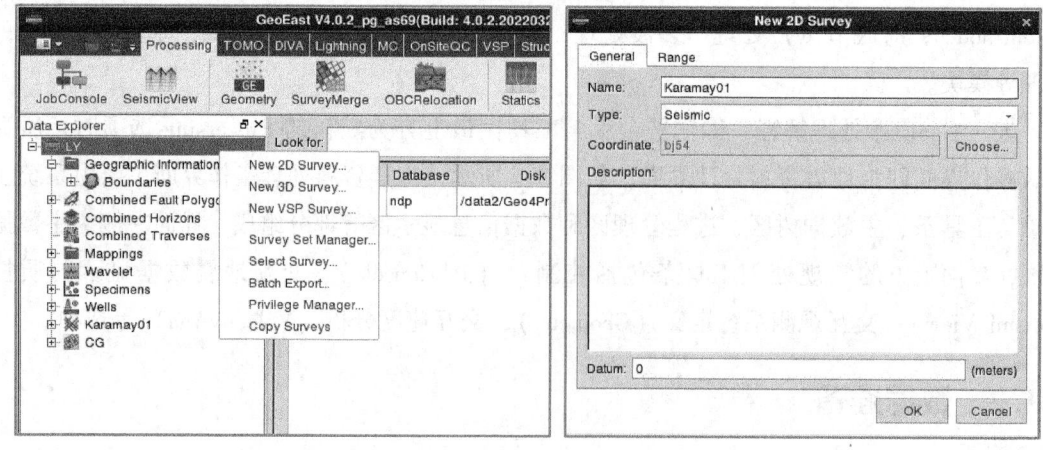

图 3.2 新建二维工区

界面左侧数据树显示所新建的工区，工区的下拉菜单中包含 Velocities、Seismics、WorkFlow 等文件夹，Velocities 存放处理过程中所生成的速度文件，Seismics 存放处理过程中所生成的地震数据，WorkFlow 存放处理过程中所搭建的处理流程。鼠标右击工区的图标，选择 New Line 新建二维测线，如图 3.3 所示，进行命名（例如命名为 line01）。

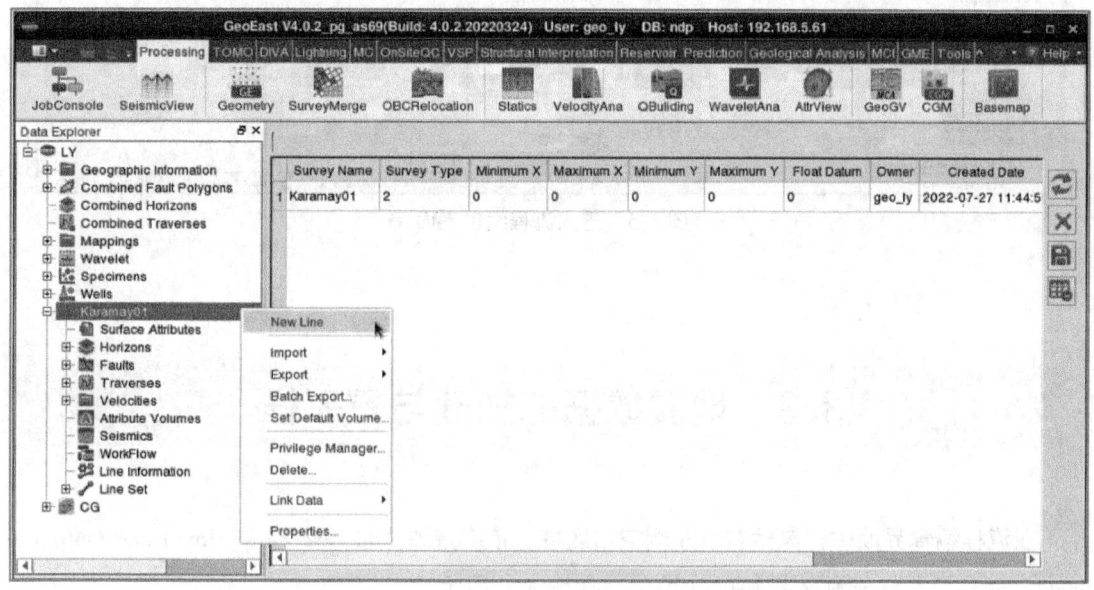

图 3.3 新建测线

鼠标左击选中 WorkFlow，右击 line01 测线，选择 Create WorkFlow 新建流程 flow1，如图 3.4 所示。

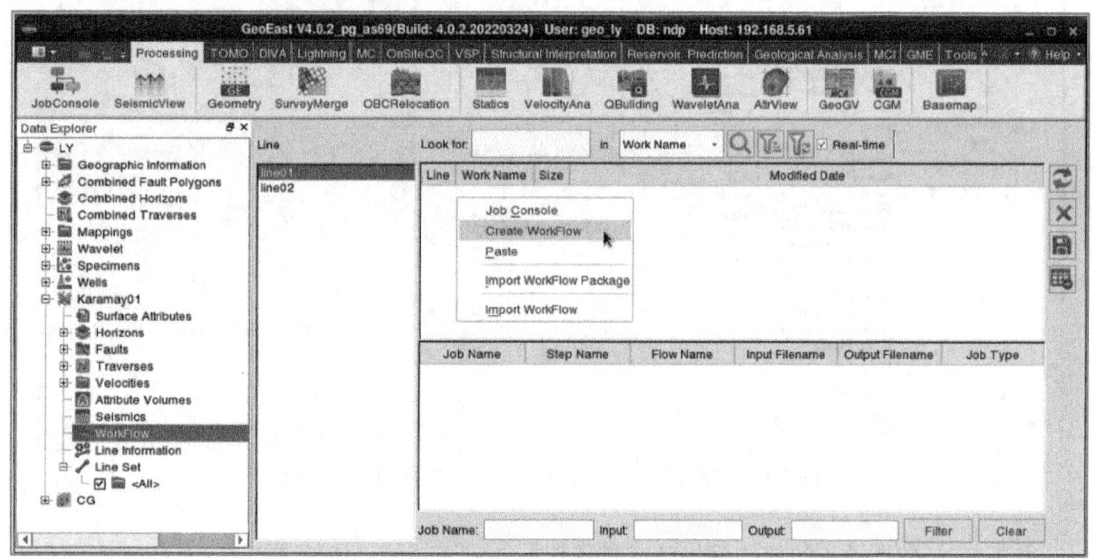

图 3.4 新建流程

鼠标右击流程 flow1，选中 Job Console 进入处理流程搭建界面，如图 3.5 所示。

— 31 —

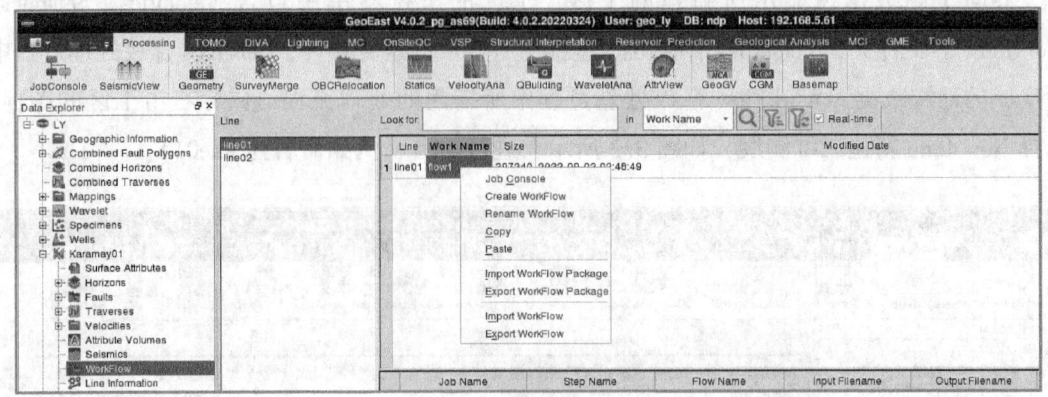

图 3.5　进入流程编辑界面

3.3　地震数据的加载与重采样

在流程编辑界面中，鼠标右击左侧空白区域，依次选取 Add New Flow→Input and Output→SegyInput，完成 Segy 输入模块的初始化，如图 3.6 所示。

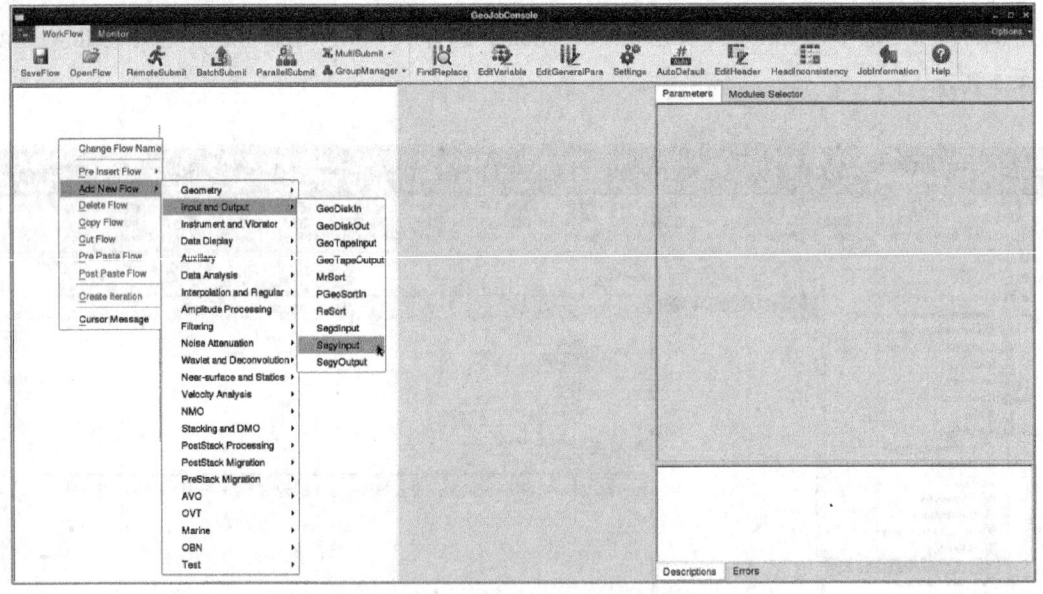

图 3.6　在流程搭建界面图建立 Segy 数据输入的作业

由于 Segy 数据导入的核心模块已经具备数据的输入功能，鼠标左击 GeoDiskIn 模块右上角的叉号，删除 GeoDiskIn，打开 SegyInput 模块的数据文件夹，选择所需导入的原始地震数据，如图 3.7、图 3.8 所示。

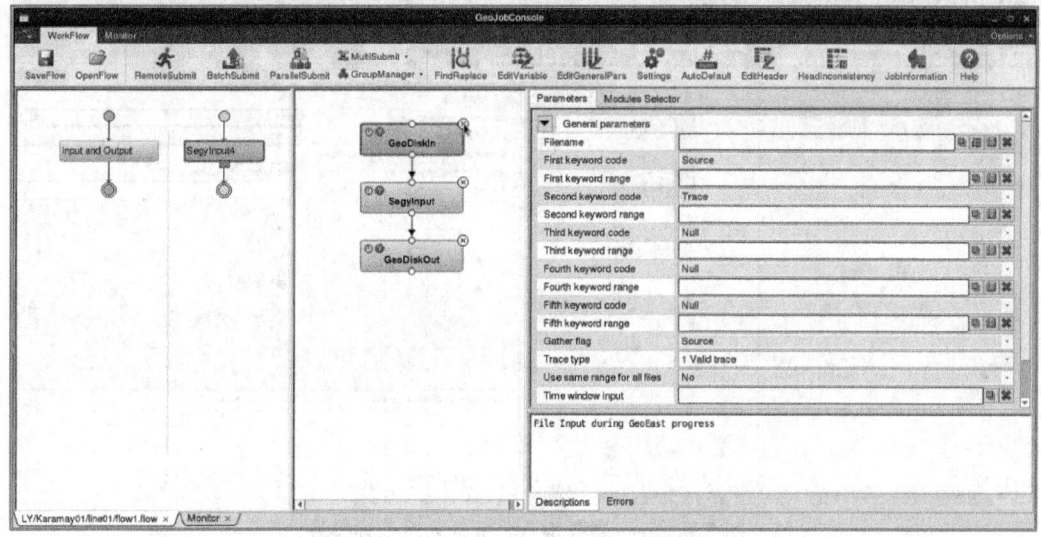

图 3.7 Segy 数据输入默认模块和参数卡

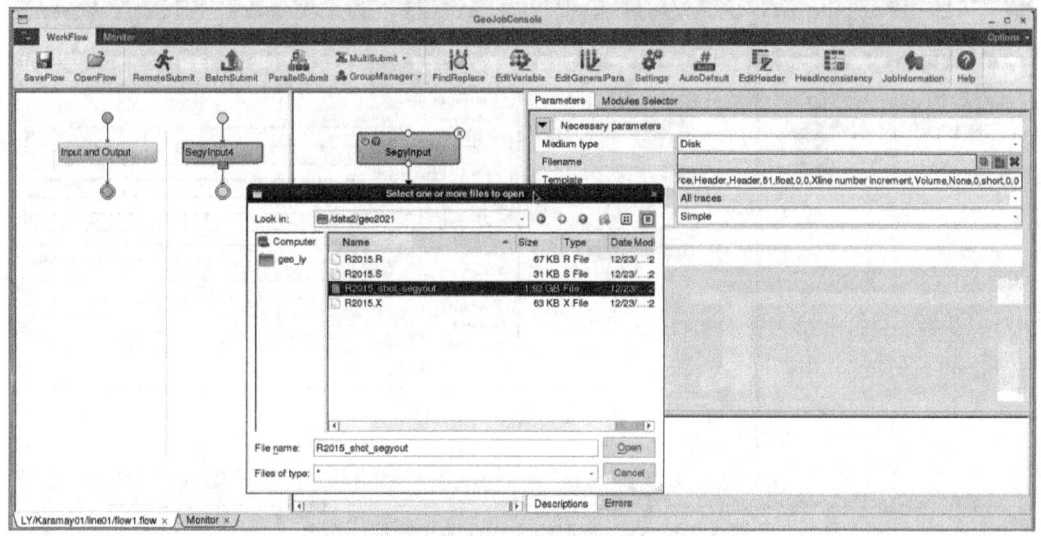

图 3.8 Segy 数据输入作业模块的参数选取

鼠标左击选中 SegyInput 模块,在右侧 Modules Selector 界面中,搜索 ReSamp 重采样模块并双击插入,将输出的采样间隔调整为 $4000\mu s$,如图 3.9 所示,可右击模块左上方问号查看帮助文件。需要说明的是,通过重采样扩大采样间隔的目的是减少数据量,提高计算效率。

自定义输出数据的名称,如图 3.10 所示。

鼠标左击 SaveFlow→RemoteSubmit,保存所建流程并发送作业,如图 3.11 所示,鼠标左击工具栏上方的 Monitor 可查看流程运行状态。

鼠标左击选中生成的地震数据,左击菜单栏上的图标 SeismicView 查看导入的原始地震数据,也可以在选中数据后,右击选择菜单中的 Seismic View 打开地震数据,如图 3.12 所示。

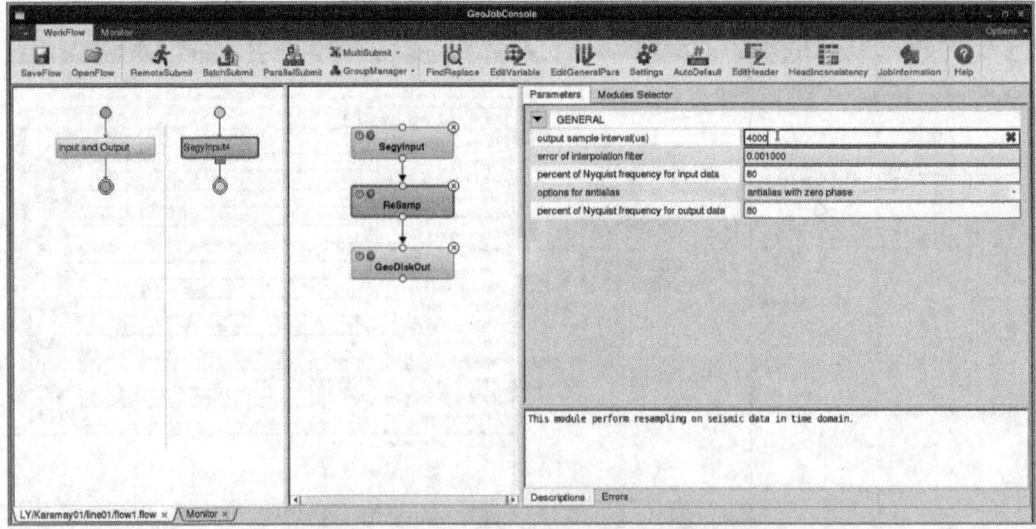

图 3.9　Segy 数据输入作业插入重采样模块

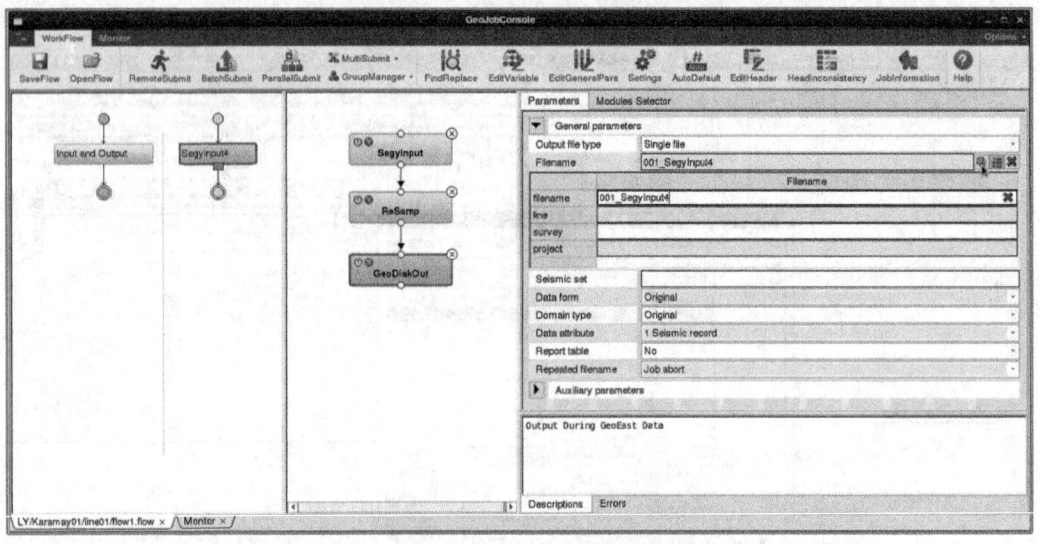

图 3.10　Segy 数据输入作业输出数据的命名

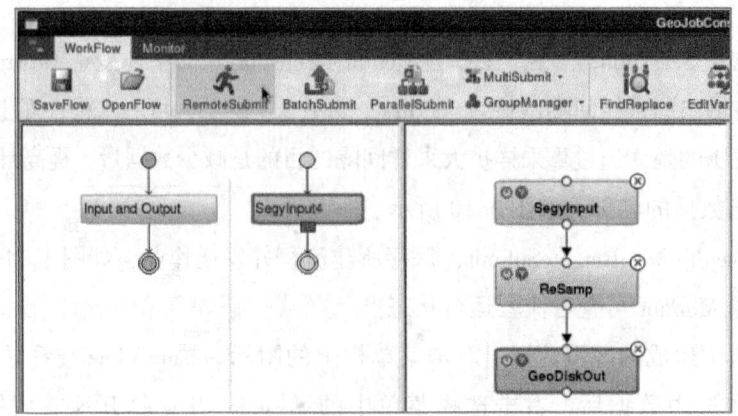

图 3.11　Segy 数据输入作业的保存与提交

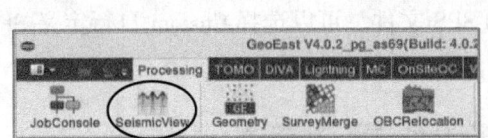

图 3.12 SeismicView 查看地震数据

地震数据显示界面如图 3.13 所示，右侧 Property 可调整显示比例、显示振幅值等。

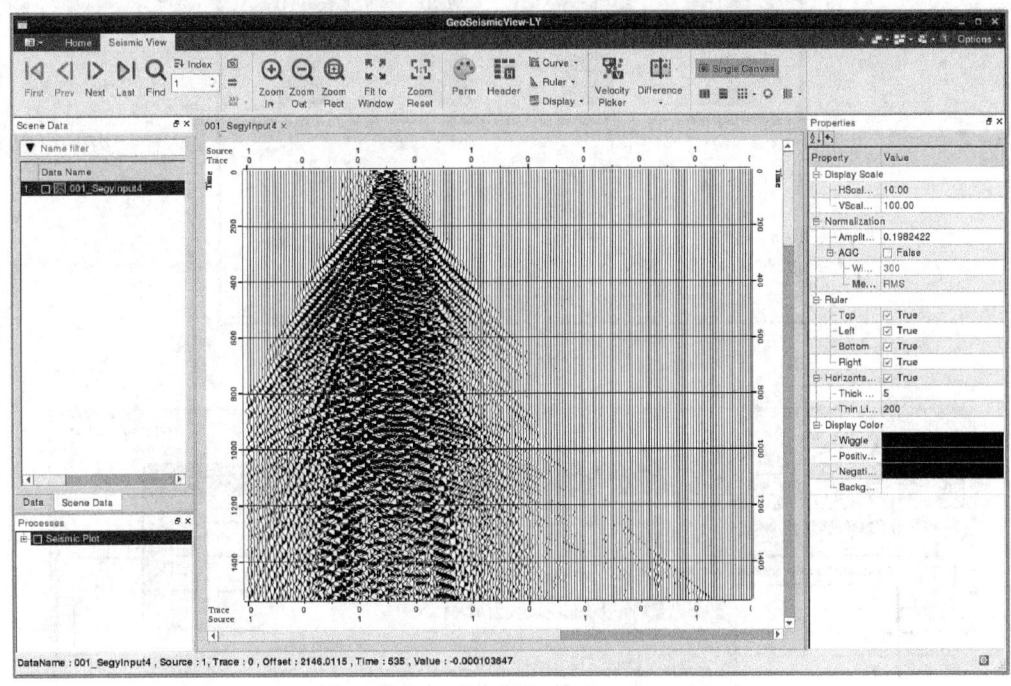

图 3.13 地震数据的显示

3.4 观测系统的定义

鼠标左击选中原始地震数据，左击主控制台上方的 Geometry 选项定义观测系统，如图 3.14 所示。

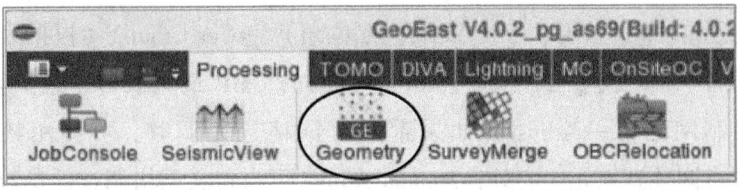

图 3.14 Geometry 定义观测系统

— 35 —

在 Geometry 的弹窗中双击 SPS 选项（图 3.15），选择 SPS 文件，再将 format 中的版本号切换为 SPS Rev 2.1 版本。如果遇到非标准格式的 SPS 文件，可以选择 Custom 自行定义 SPS 格式，从而实现 SPS 文件的读取，如图 3.16 所示。

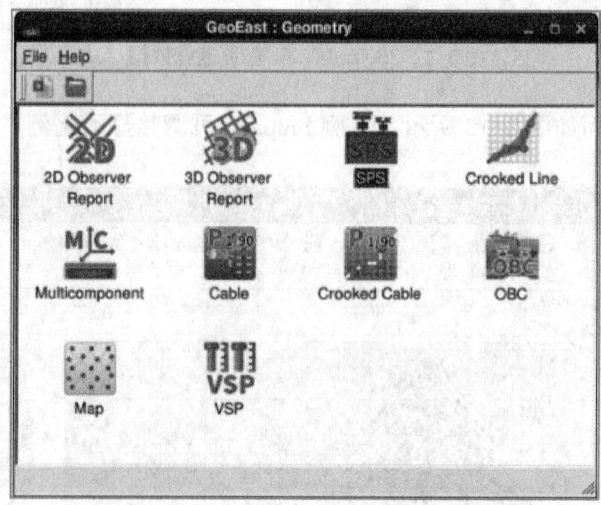

图 3.15　SPS 选项

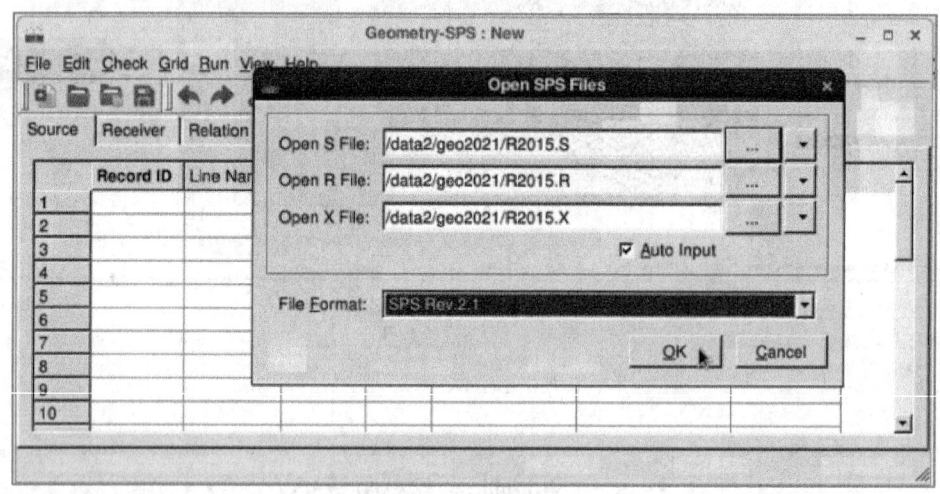

图 3.16　选取 SPS 文件

鼠标左击 Batch 依次对炮点文件、检波点文件、关系文件及炮检逻辑关系文件进行查验，如图 3.17 所示。

随后鼠标左击 Gridding（图 3.18），然后依次左击 Parameters→Get Group1（根据 SPS 信息得到第一组参数：CMP 点距、CMP 线距、方位角）→Get Group2（根据第一次参数计算第二组参数：最小 CMP 点的 XY 坐标、Inline 方向的 CMP 最大线号、最大点号）→Apply（参数确认、绘制网格）→Adjust（如果希望对网格进行调整，可使用该项功能，Auto Adjust 可将参数点调整到面元中心处，Manual Adjust 可自定义网格调整的参数）→Get Ref→Apply（Auto）→Apply（Manual）→Save to DB，如图 3.19 所示。

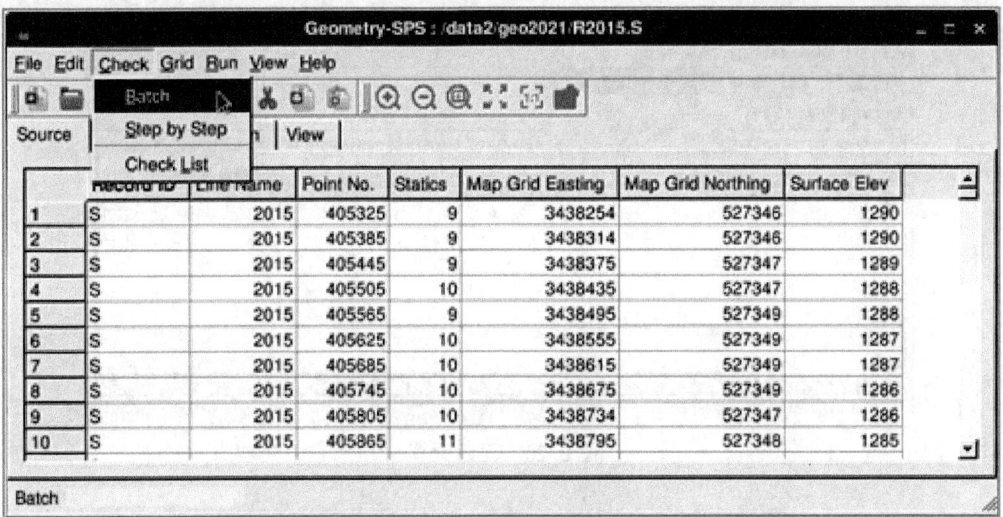

图 3.17 SPS 文件的检查

图 3.18 坐标的网格化

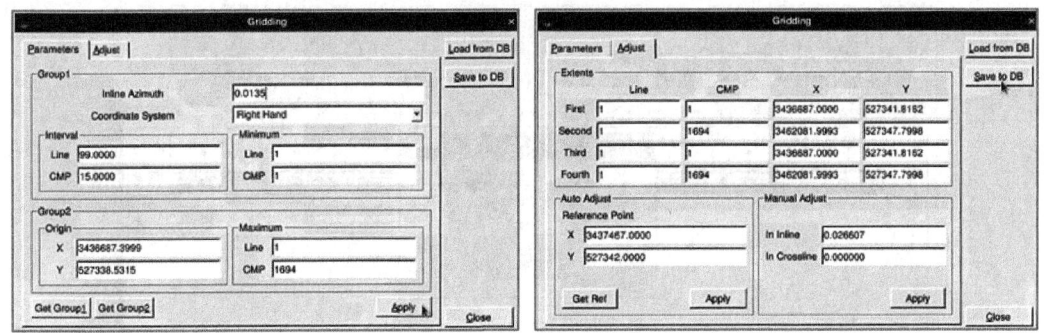

图 3.19 网格化参数界面

鼠标左击 Run→Bin（图 3.20），在弹出界面左击 OK（图 3.21），运行之后提示 CMP 范围和覆盖次数，如图 3.22 所示。

图 3.20　面元计算

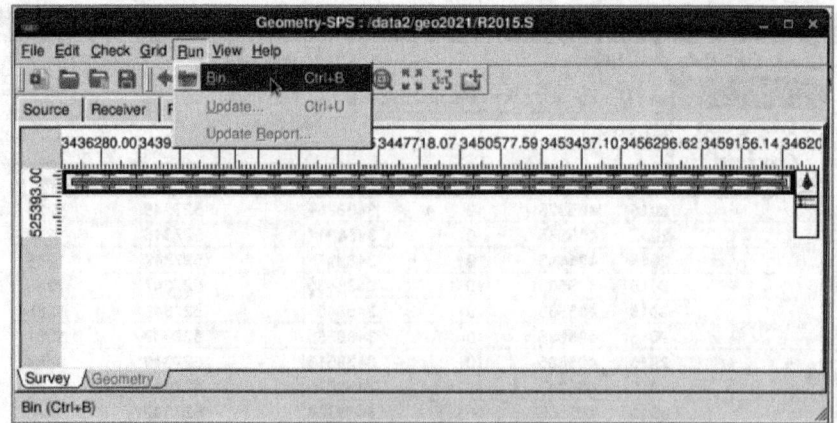

图 3.21　面元计算参数卡

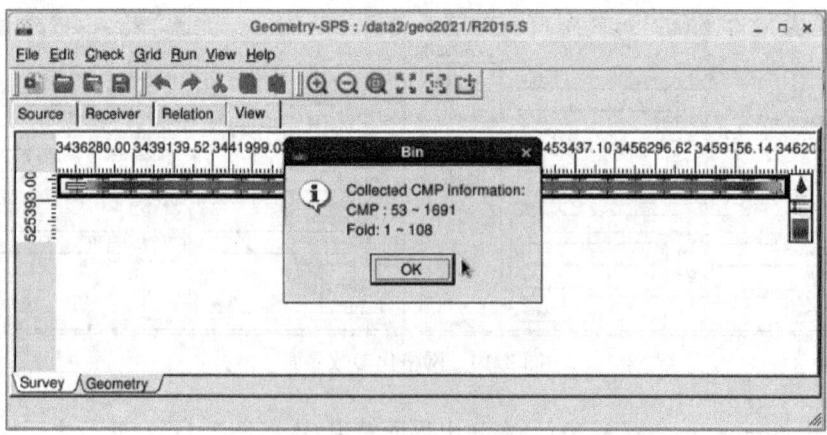

图 3.22　面元计算完成

最后，依次鼠标左击 Run→Update→OK（图 3.23），完成观测系统定义。

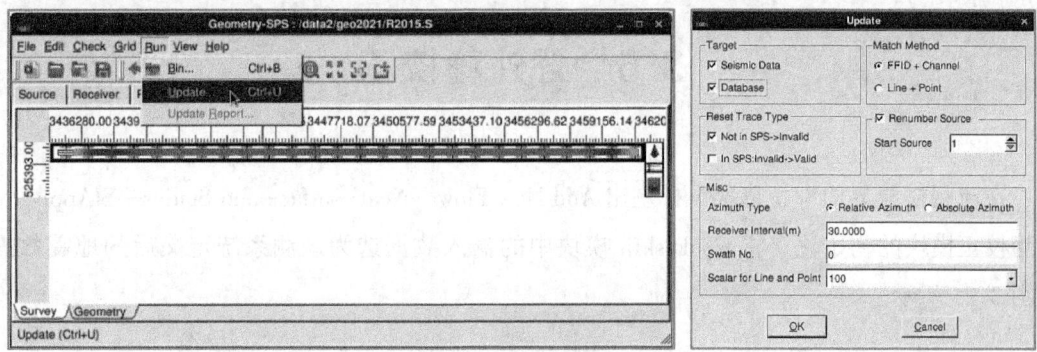

图 3.23　更新观测系统

鼠标右击 WorkFlow 中的测线 line01，依次左击 Database Browser→Near Ground，查看近地表信息，检验观测系统定义是否成功，如图 3.24 所示。

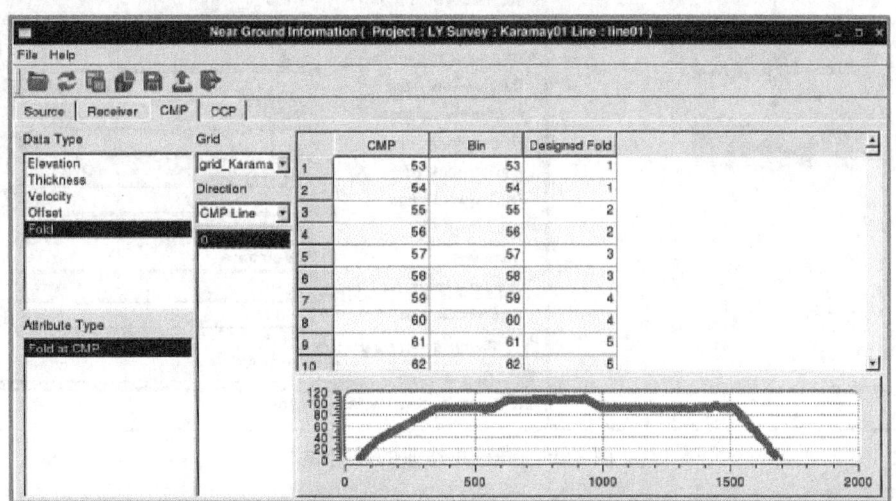

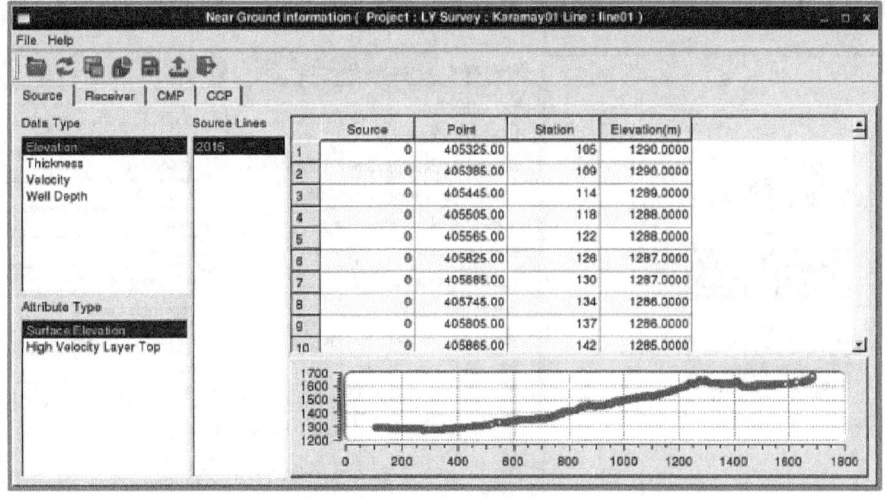

图 3.24　查看近地表信息

3.5 野外静校正

在流程搭建界面中，依次鼠标左击 Add New Flow→Near-surface and Statics→StApply，完成静校正模块的初始化。将 GeoDiskIn 模块中的输入数据选为观测系统定义后的地震数据，如图 3.25 所示。

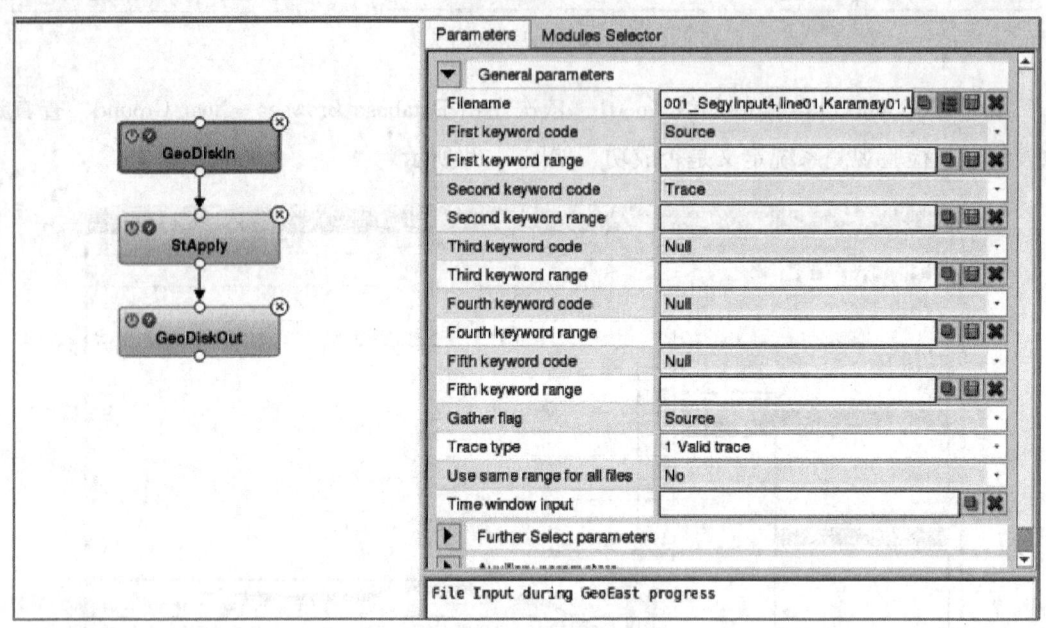

图 3.25 静校正作业的数据输入

将直接应用野外静校正量选项切换为 source and receiver，如图 3.26 所示。

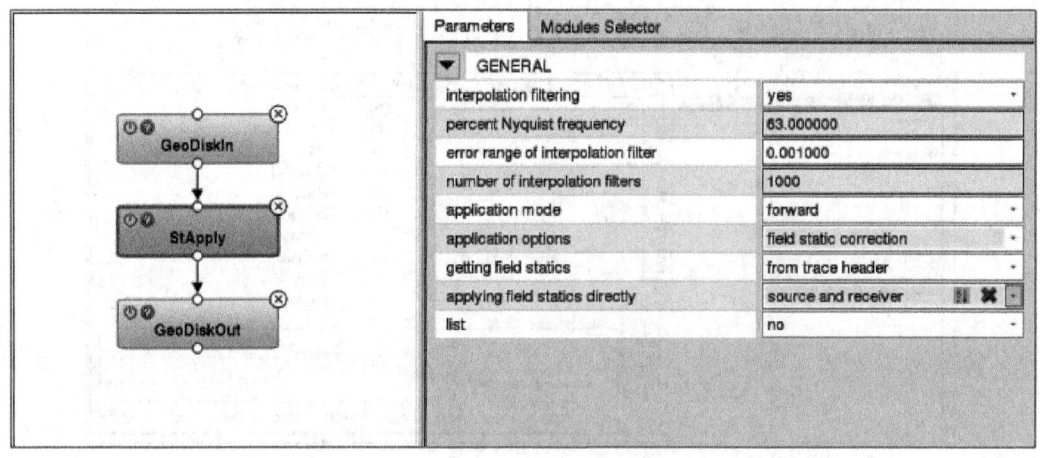

图 3.26 静校正作业的核心模块

自定义静校正后的地震数据名称,如图 3.27 所示。

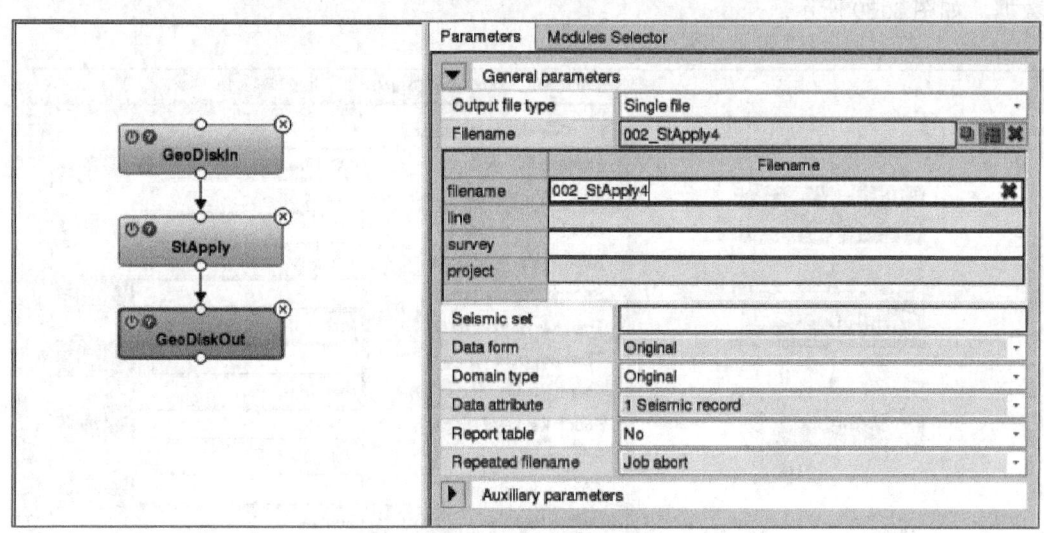

图 3.27 静校正作业的数据输出

静校正前后的地震数据对比如图 3.28 所示,在第 105 道 1200ms 时间附近可见静校正后的地震数据反射同相轴变得更加光滑。

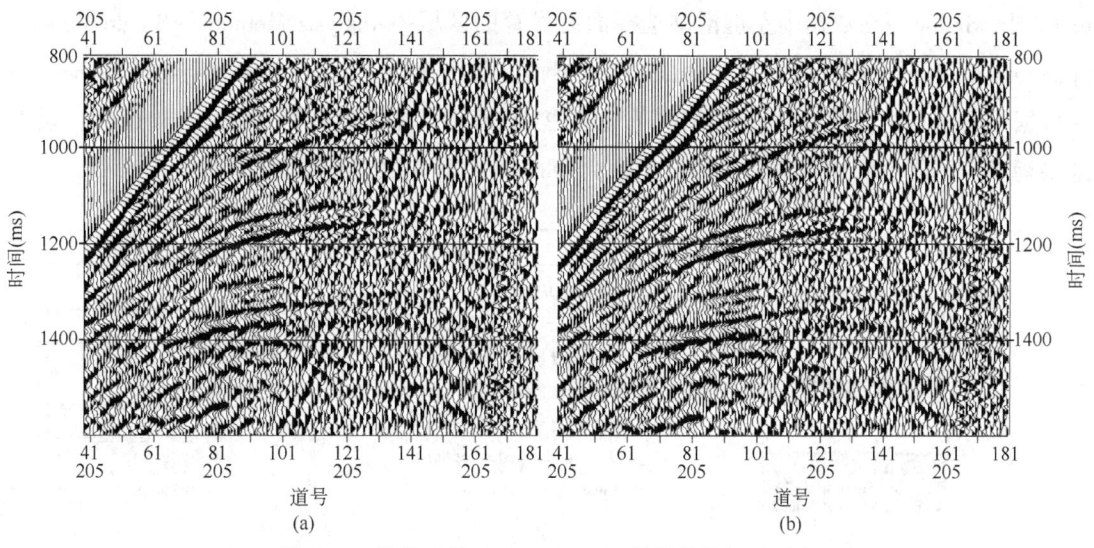

图 3.28 静校正前(a)、后(b)效果单炮记录对比

3.6 自适应面波衰减

在流程搭建界面中,依次鼠标左击 Add New Flow→Noise Attenuation→GrndRolAtten,完

成自适应面波衰减模块的初始化。将GeoDiskIn模块中的输入数据选为野外静校正作业的输出数据，如图3.29所示。

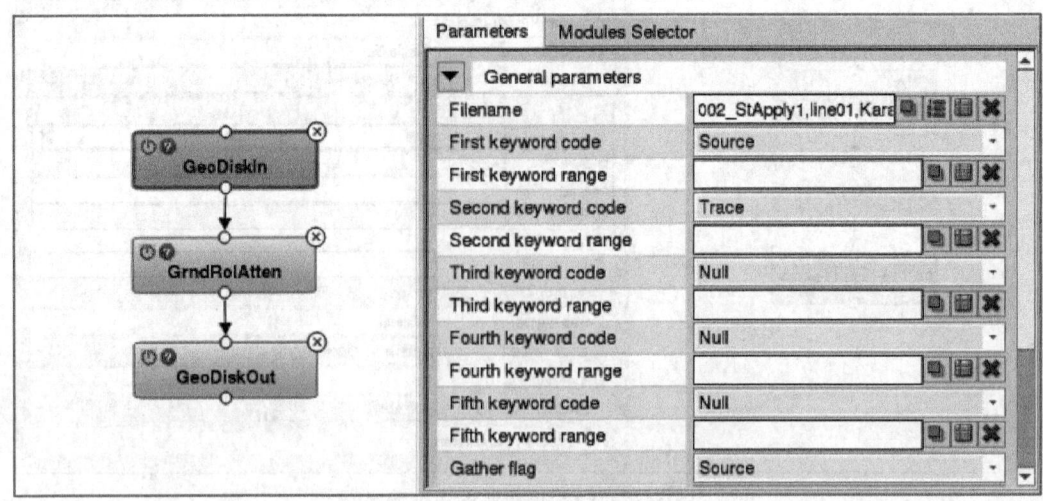

图3.29 面波衰减作业的数据输入

将地震数据中面波的最大视速度、反射波主频、面波主频输入参数卡中（频率信息可以在Seismic View界面左下角Processes中选择Spectrum Analysis→工具栏上会出现Pick rectangle window→在数据中左键滑动选择面波发育的区域→Analysis Methods→Single Window Spectrum Analysis；速度信息在Seismic View界面工具栏选择Velocity Picker→选择Velocity→在数据中左键点击面波的最大视速度），如图3.30所示。输出类型为denoised data时，输出结果为噪声压制后的地震数据，输出类型为noise时，输出结果为噪声。

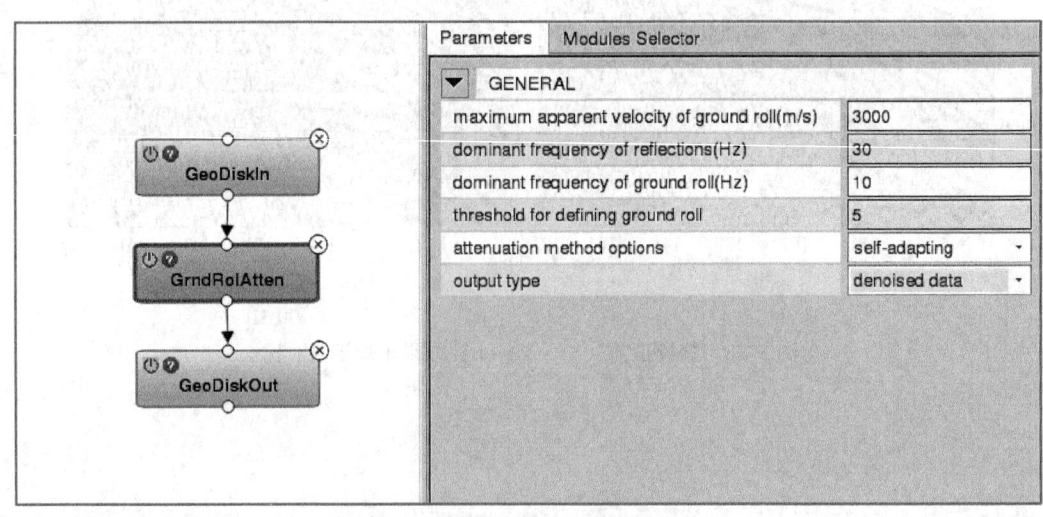

图3.30 面波衰减作业的核心模块

自定义面波衰减后的地震数据名称，如图3.31所示。

面波衰减前后单炮记录及所去除的面波如图3.32所示。

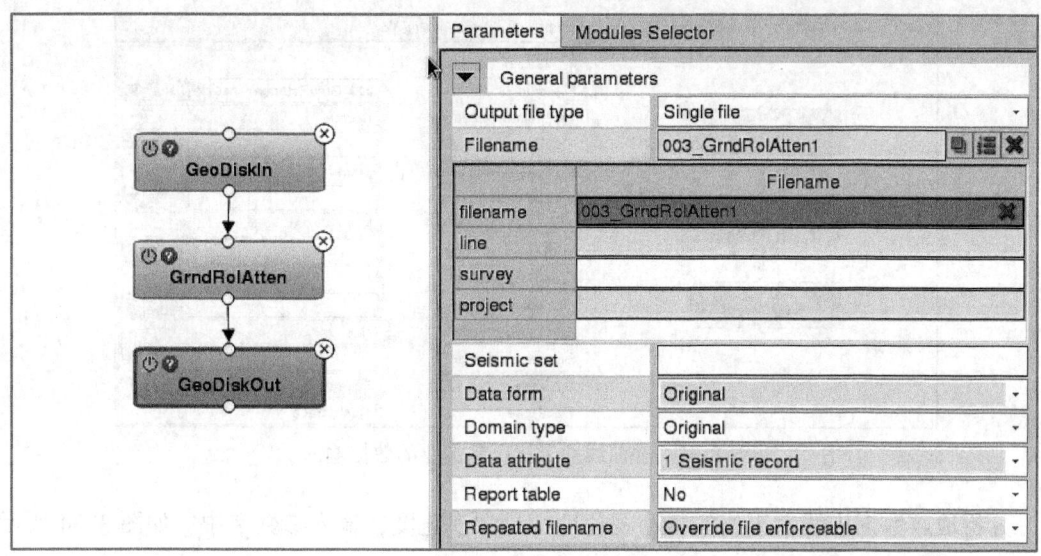

图 3.31 面波衰减作业的数据输出

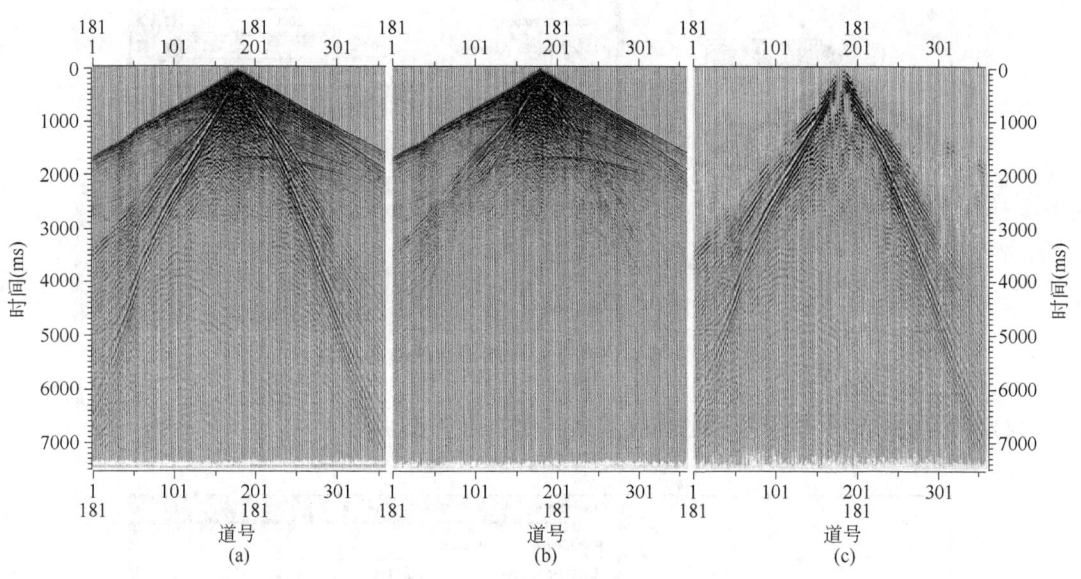

图 3.32 面波衰减前（a）、后（b）的单炮记录及所去除的面波（c）

3.7 叠前线性干扰压制

在流程搭建界面中，依次鼠标左击 Add New Flow→Noise Attenuation→LinNoiRemv，完成叠前线性干扰压制（小波分频法）模块的初始化。将 GeoDiskIn 模块中的输入数据选为自适应面波衰减作业的输出数据，如图 3.33 所示。

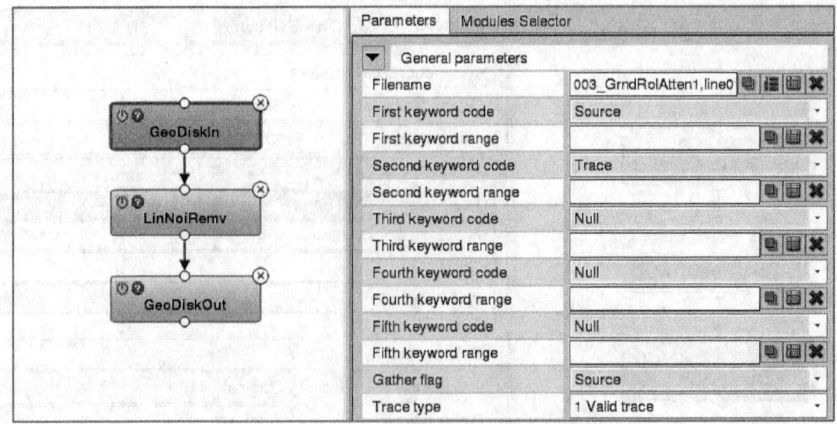

图 3.33 叠前线性干扰压制作业的数据输入

分析地震数据中线性干扰的最小视速度和最大视速度,输入参数卡中,如图 3.34 所示。

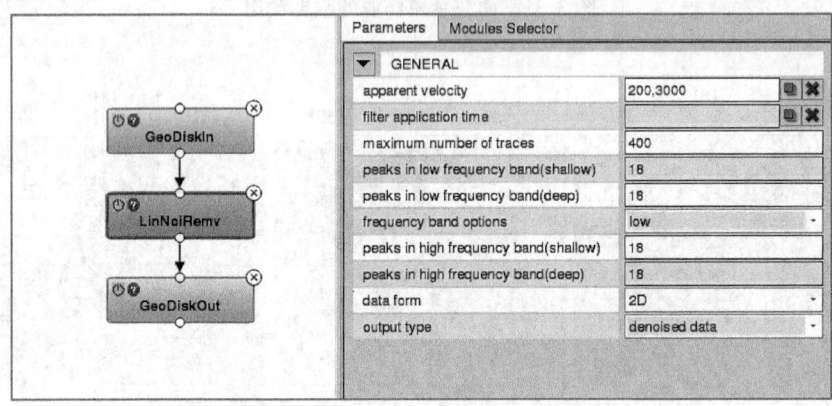

图 3.34 叠前线性干扰压制作业的核心模块

自定义叠前线性干扰压制后的地震数据名称如图 3.35 所示。

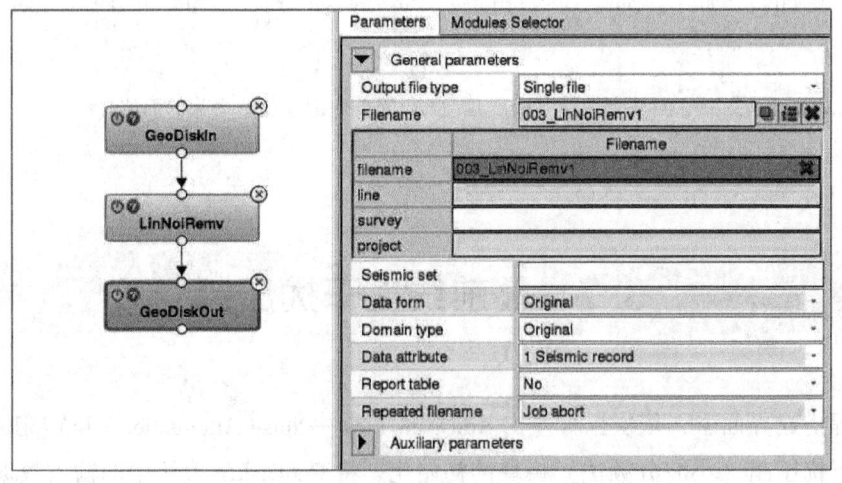

图 3.35 叠前线性干扰压制作业的数据输出

叠前线性干扰压制前后单炮记录如图 3.36 所示。

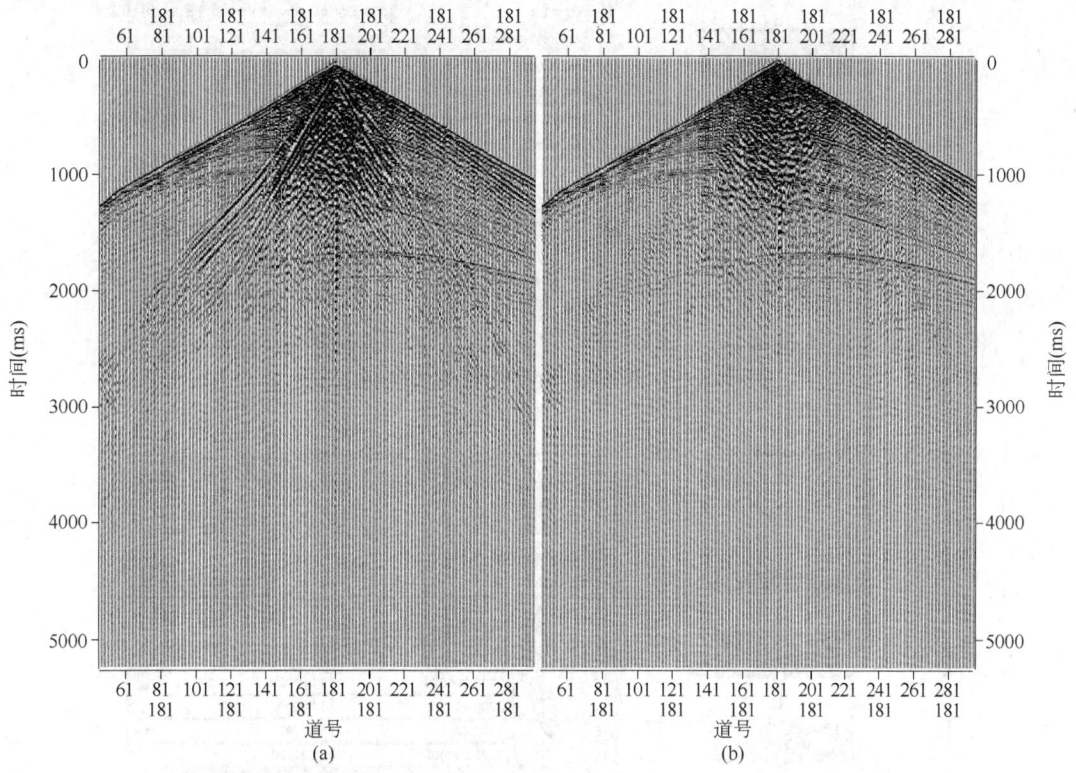

图 3.36　叠前线性干扰压制前（a）、后（b）的单炮记录对比

3.8　异常振幅衰减

在流程搭建界面中，依次鼠标左击 Add New Flow→Noise Attenuation→WildAmpAtten，完成异常振幅衰减模块的初始化。将 GeoDiskIn 模块中的输入数据选为叠前线性干扰压制作业的输出数据，如图 3.37 所示。

将随时间变化的门槛值输入参数卡中，如图 3.38 所示，muting filename 切除表用于定义起始时间，可不填；time vs threshold 时间门槛值参数对影响噪声压制的程度，门槛值越小，异常振幅压制效果越强。为了减少对有效信号的损伤，所用的门槛值通常随着时间的增大而减小。

自定义异常振幅衰减后的地震数据名称，如图 3.39 所示。

异常振幅衰减前后单炮记录如图 3.40 所示。

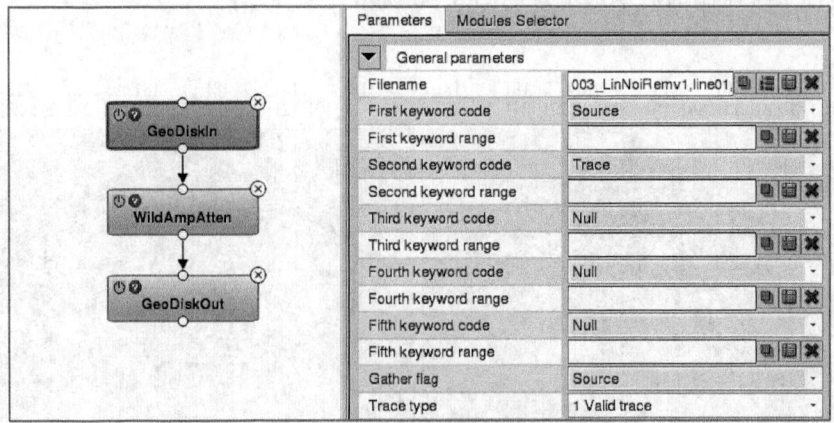

图 3.37 异常振幅衰减作业的数据输入

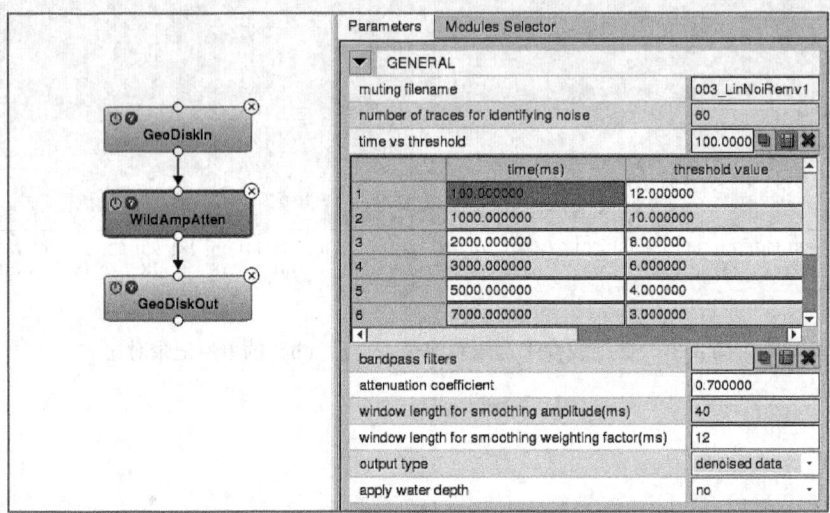

图 3.38 异常振幅衰减作业的核心模块

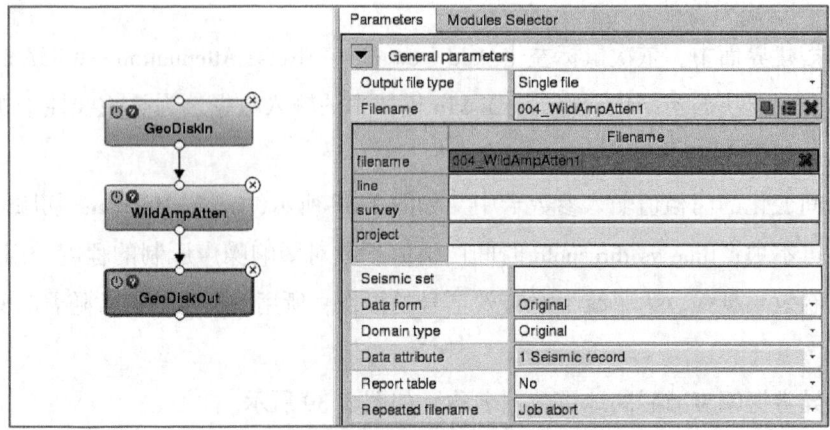

图 3.39 异常振幅衰减作业的数据输出

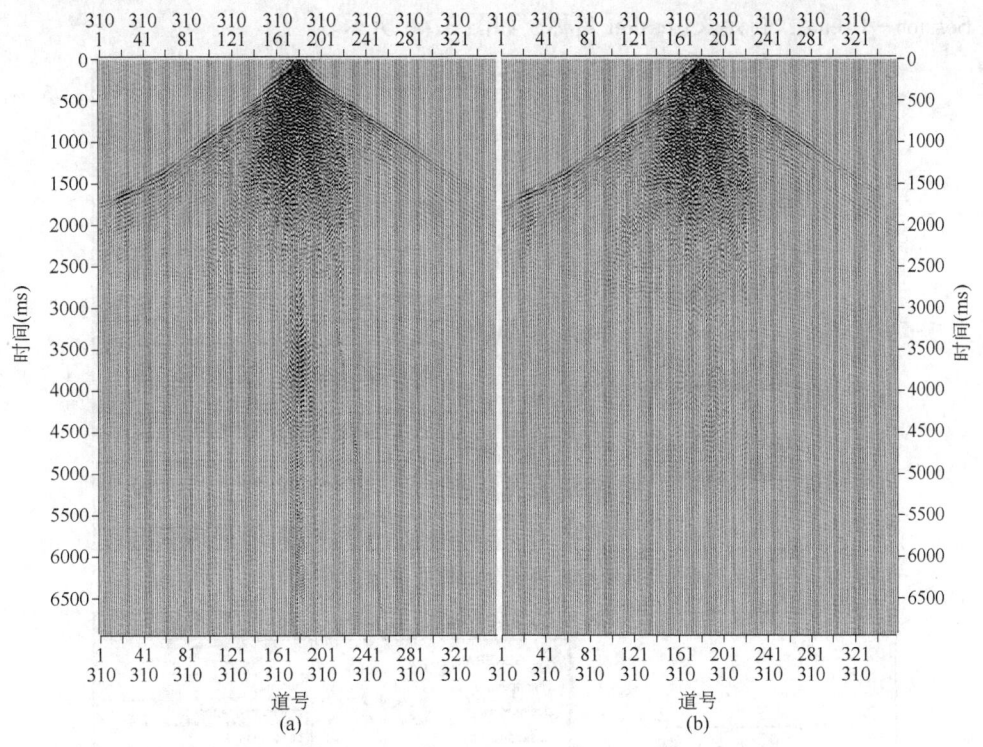

图 3.40 异常振幅衰减前（a）、后（b）的单炮记录对比

3.9 球面扩散补偿

球面扩散补偿需要速度信息，因此在球面扩散补偿前需进行一次速度分析，此时确定一个 CMP 的速度即可。在后面进行了精细的速度分析（多个 CMP 进行速度分析）后，可重新进行球面扩散补偿，只是速度的变化对补偿的影响不是太大。在流程搭建界面中，依次鼠标左击 Add New Flow→Velocity Analysis→VelAnaDefinition，并在 VelAnaDefinition 模块后，依次串联 TVarFilt、AmpEqu、VelAnaCorr 模块，将 VelAnaDefinition 模块中的输入数据选为异常振幅衰减作业的输出数据，并填写起始 CMP 号等参数，如图 3.41 所示。

滤波器选为带通滤波，如图 3.42 所示。

振幅均衡方式选为 RMS（均方根）均衡，如图 3.43 所示。

自定义输出速度文件名，并选取顶部切除文件，相关速度谱计算模块的参数选取如图 3.44 所示。

顶部切除文件的生成方式如图 3.45 所示，在地震数据显示界面的左下角选中 Mute Picker，鼠标左击上方工具栏的 New 新建切除文件，拾取后鼠标左击 Save 进行保存。

鼠标左击主控台的 VelocityAna 选项，进入速度分析交互界面，依次鼠标左击 File→

Open Session→Create,自定义 session 名称,如图 3.46 所示。

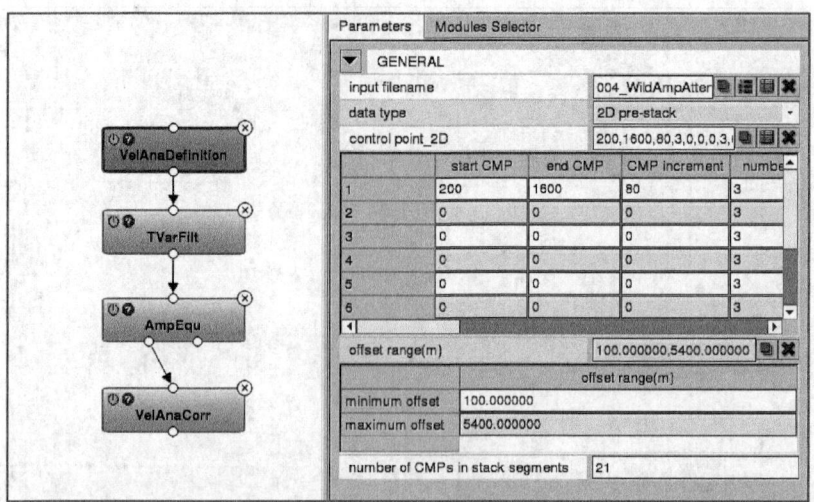

图 3.41 初次速度分析作业的数据输入

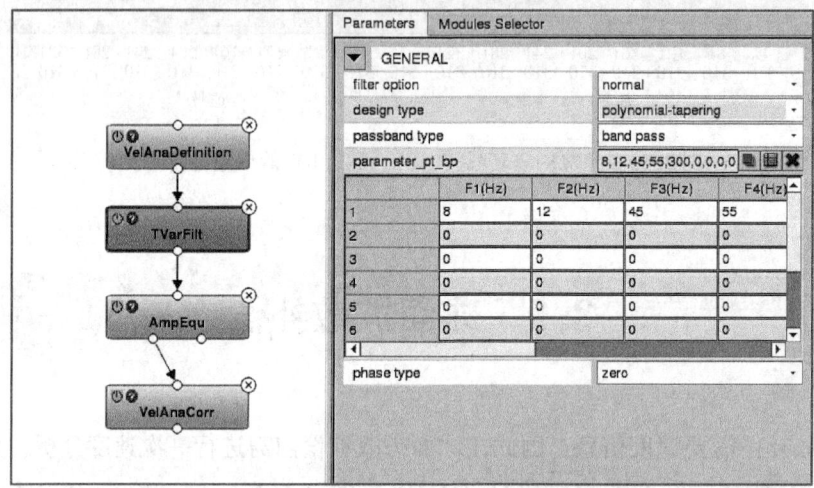

图 3.42 初次速度分析作业的时变滤波处理

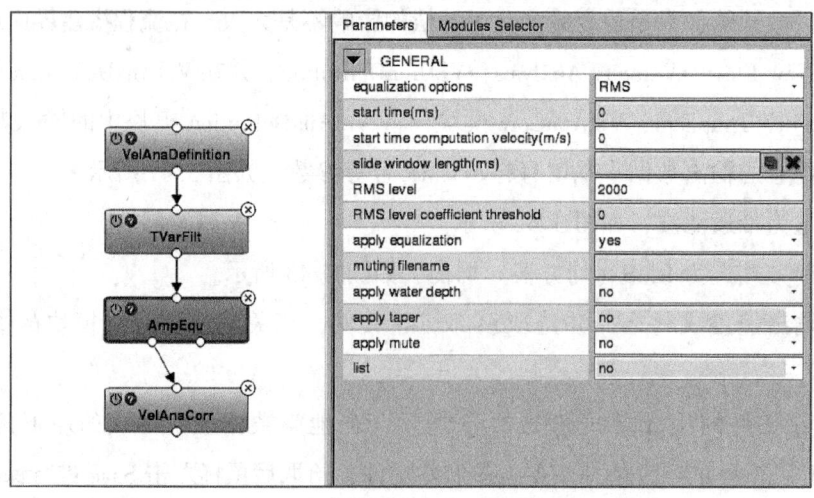

图 3.43 初次速度分析作业的振幅均衡

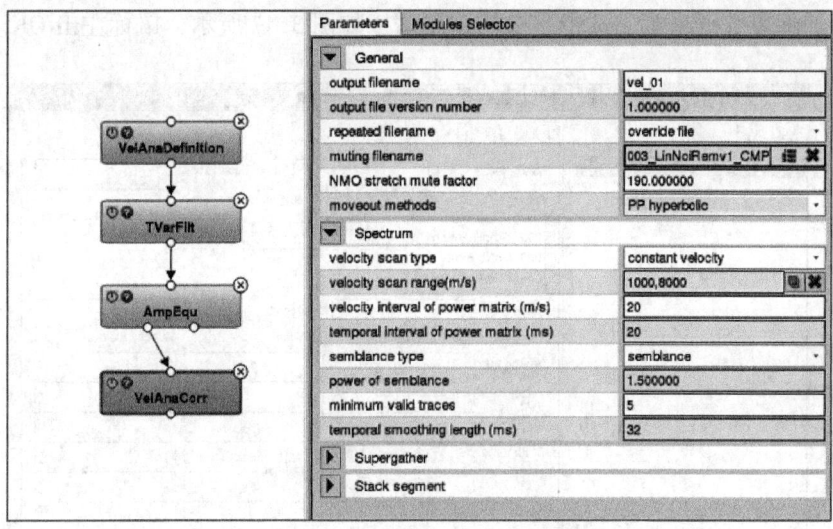

图 3.44　初次速度分析作业的相关速度谱计算

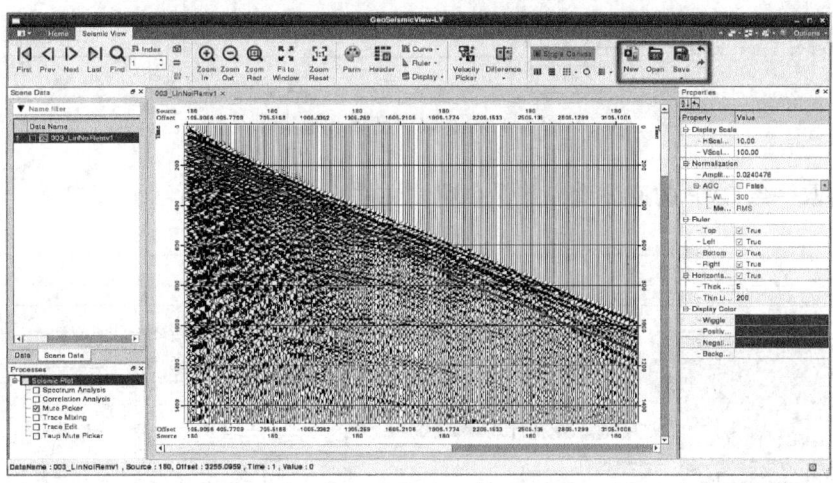

图 3.45　速度分析作业的相关速度谱计算

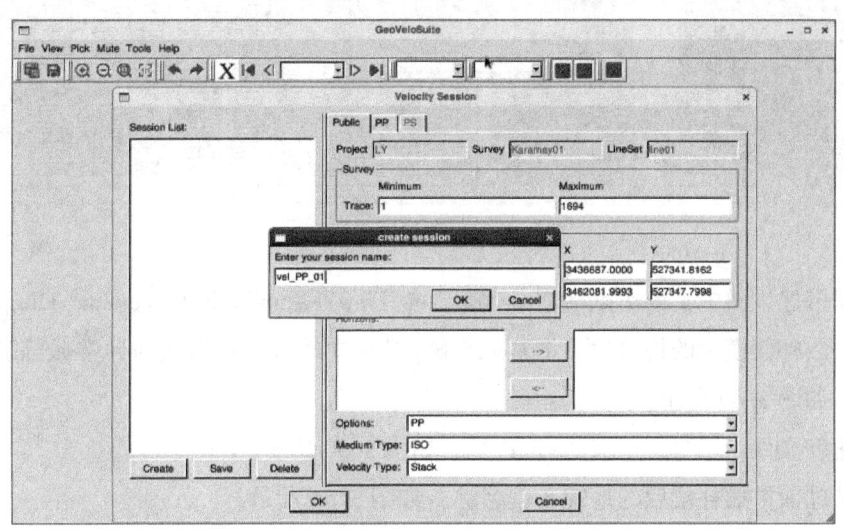

图 3.46　速度分析交互初始界面

添加地震数据道集,选中生成的速度谱,如图3.47所示,鼠标左击OK。

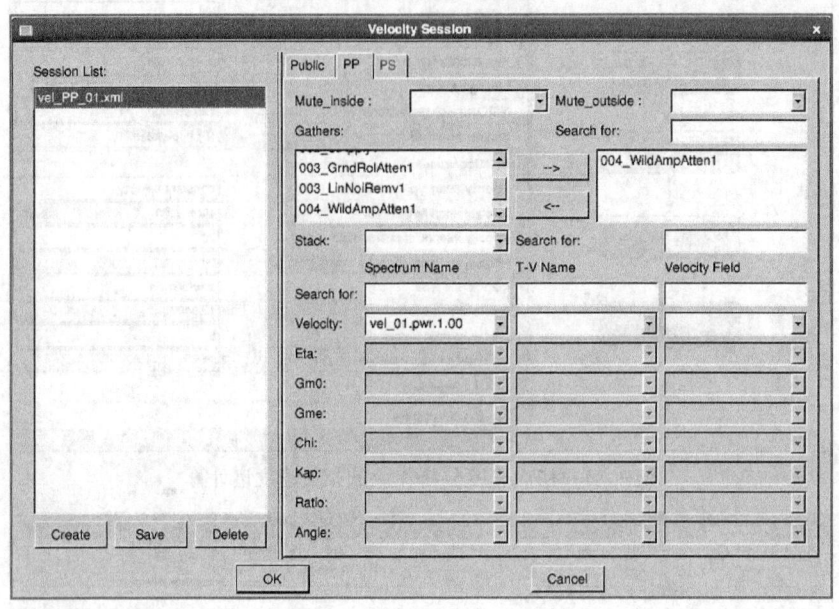

图3.47 选取速度谱和道集

交互拾取一条CMP的速度谱,并保存速度文件,如图3.48所示。

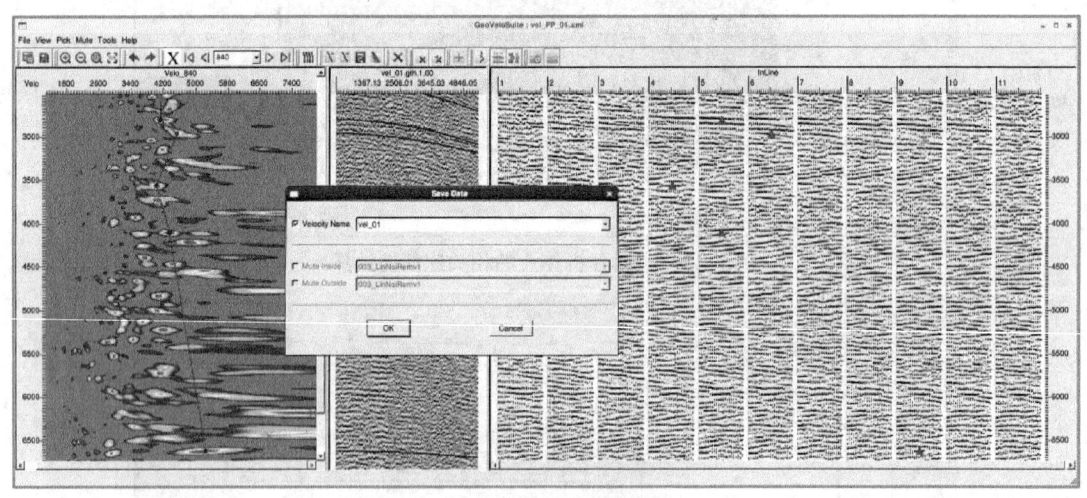

图3.48 保存速度拾取结果

在流程搭建界面中,依次鼠标左击Add New Flow→Amplitude Processing→AmpCompenst,完成球面扩散补偿模块的初始化。将GeoDiskIn模块中的输入数据选为异常振幅衰减作业的输出数据,如图3.49所示。

选中速度文件,填写所拾取的CMP号,如图3.50所示。

自定义球面扩散补偿后的地震数据名称,如图3.51所示。

球面扩散补偿前后的单炮记录如图3.52所示。

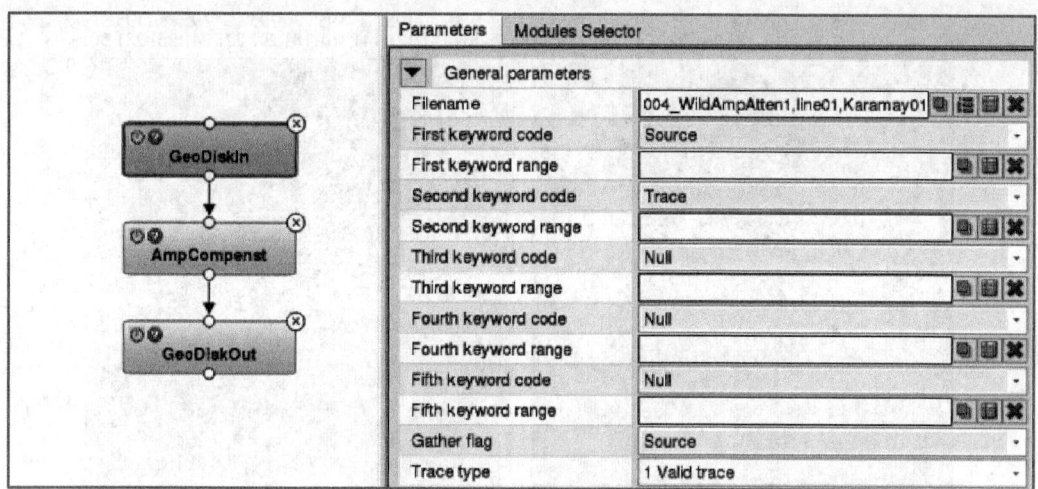

图 3.49　球面扩散补偿作业的数据输入

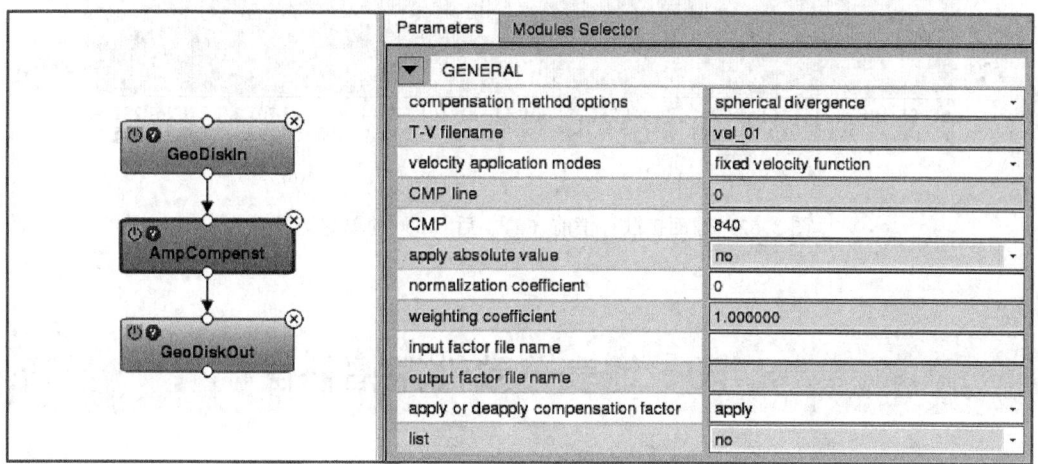

图 3.50　球面扩散补偿作业的核心模块

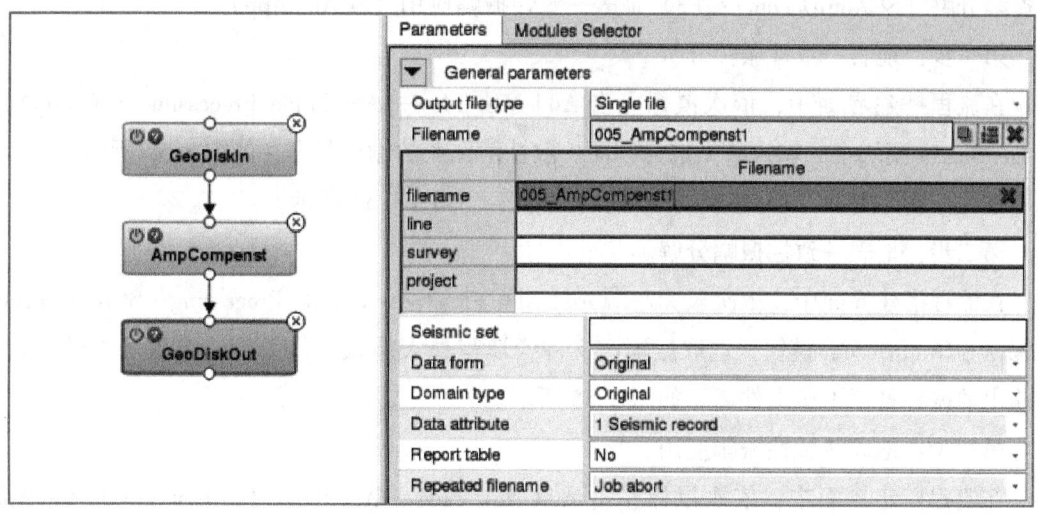

图 3.51　球面扩散补偿作业的数据输出

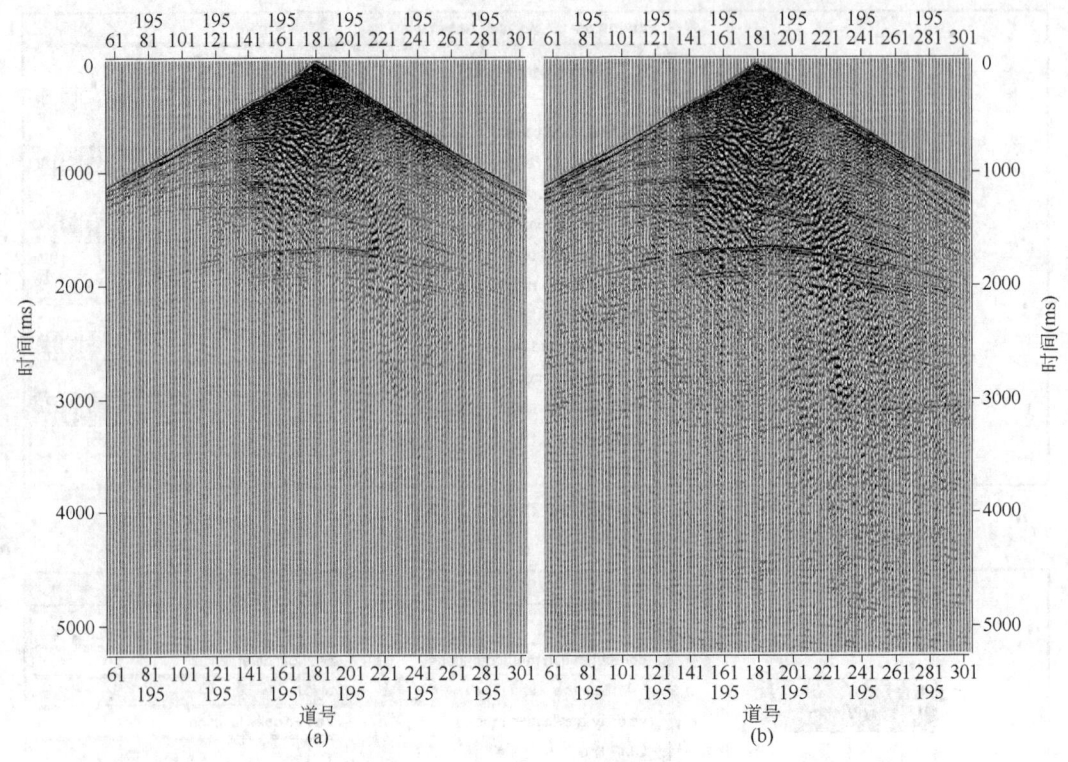

图 3.52 球面扩散补偿前（a）、后（b）的单炮记录对比

3.10 地表一致性振幅补偿

地表一致性振幅补偿分三步：（1）地表一致性振幅分析（SCAmpAna）；（2）地表一致性振幅分解（SCAmpDecom）；（3）地表一致性振幅应用（SCAmpApp）。

第一步：地表一致性振幅分析。

在流程搭建界面中，依次鼠标左击 Add New Flow→Amplitude Processing→SCAmpAna，将 GeoDiskIn 模块中的输入数据选为球面扩散补偿作业的输出数据，如图 3.53 所示。

输入分析时窗，并填写输出振幅谱的文件名，如图 3.54 所示。

第二步：地表一致性振幅分解。

在流程搭建界面中，依次鼠标左击 Add New Flow→Amplitude Processing→SCAmpDecom，仅保留 SCAmpDecom 模块，选取振幅谱文件，填写最大炮数、最大检波点数等参数，自定义输出的振幅补偿因子文件名，如图 3.55 所示。

第三步：地表一致性振幅应用。

在流程搭建界面中，依次鼠标左击 Add New Flow→Amplitude Processing→SCAmpApp，将 GeoDiskIn 模块中的输入数据选为球面扩散补偿作业的输出数据，如图 3.56 所示。

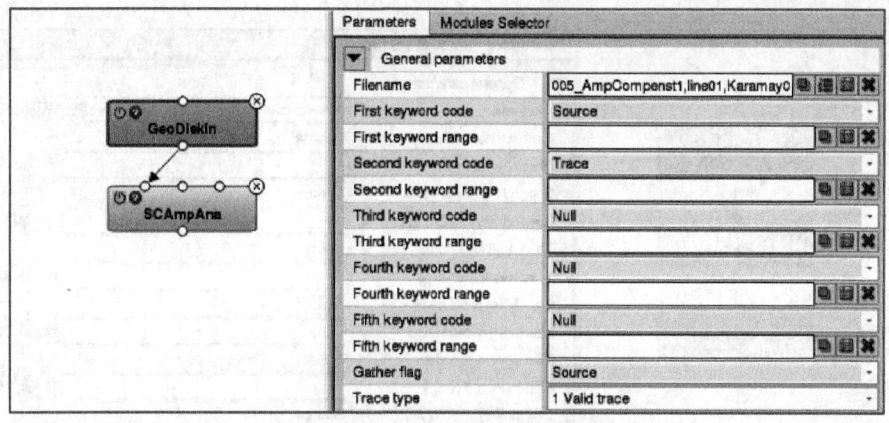

图 3.53 地表一致性振幅分析的数据输入

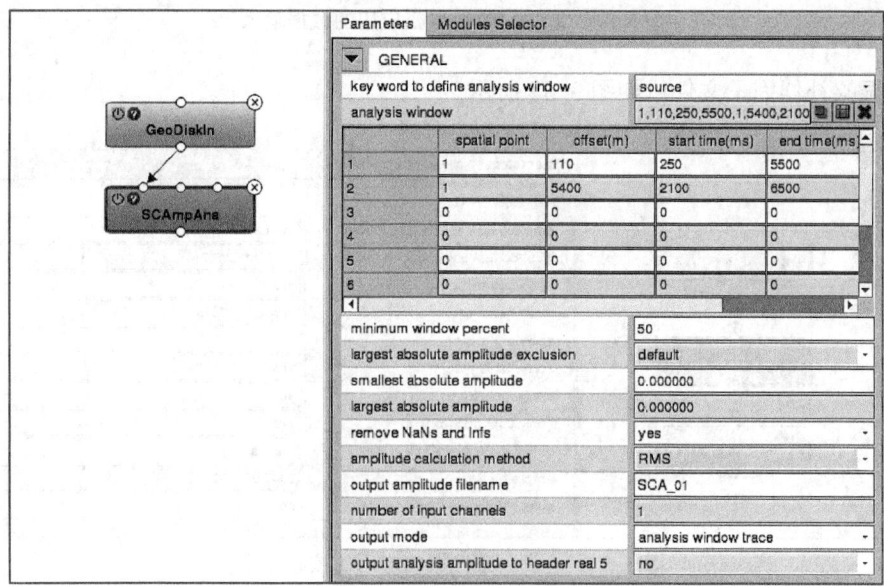

图 3.54 地表一致性振幅分析的核心模块

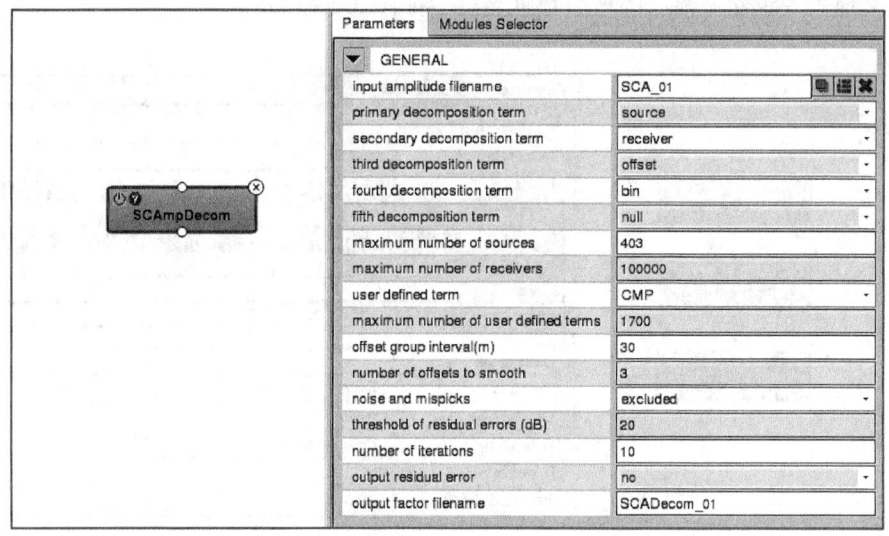

图 3.55 地表一致性振幅分解的核心模块

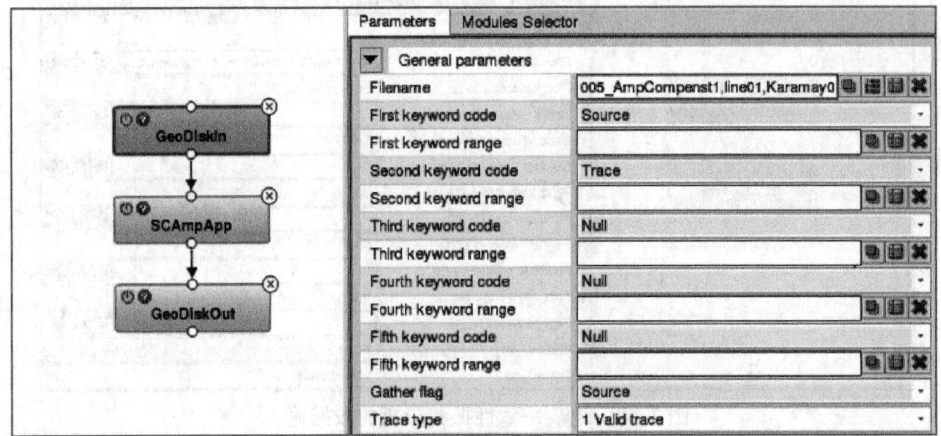

图 3.56　地表一致性振幅应用的数据输入

选中振幅补偿因子文件，如图 3.57 所示。

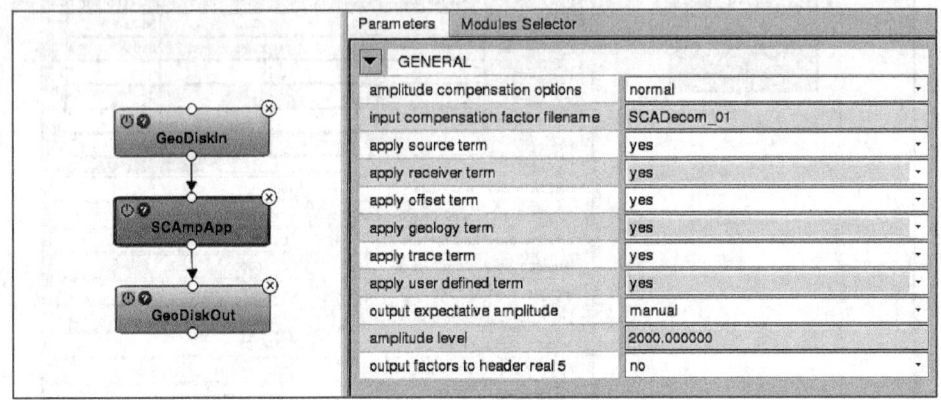

图 3.57　地表一致性振幅应用的核心模块

自定义地表一致性振幅后的地震数据名称，如图 3.58 所示。

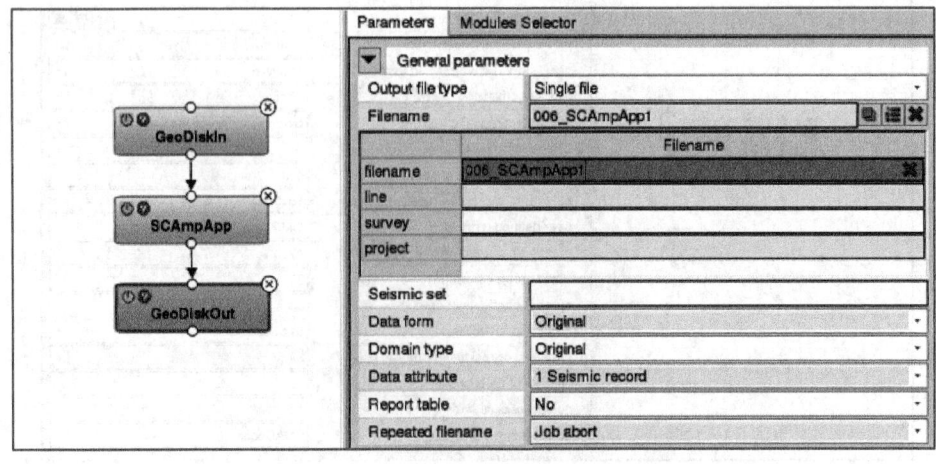

图 3.58　地表一致性振幅应用的数据输出

地表一致性振幅补偿前后的单炮记录如图 3.59 所示。

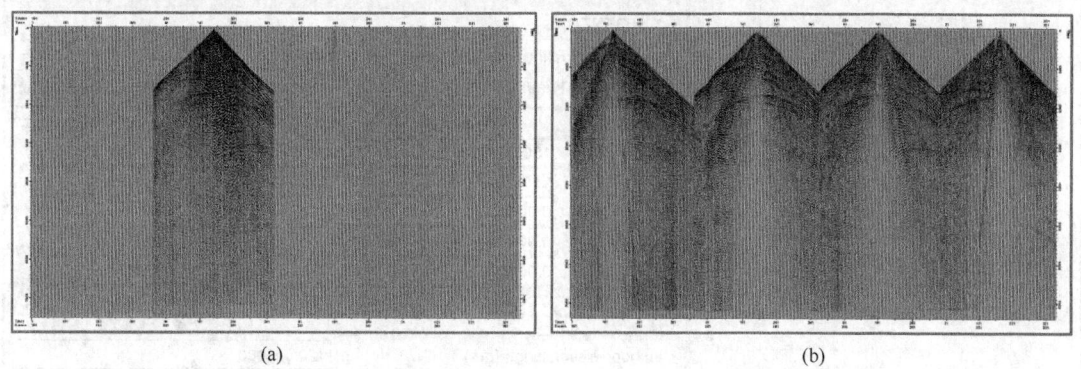

图 3.59　地表一致性振幅补偿前（a）、后（b）的单炮记录对比

3.11　地表一致性反褶积

地表一致性反褶积分三步：（1）对数谱计算（LogSpectrum）；（2）三维地表一致性谱分解（SCSpecDecom3D）；（3）三维地表一致性反褶积应用（SCSpecDecon3D）。

第一步：对数谱计算。

在流程搭建界面中，依次鼠标左击 Add New Flow→Amplitude Processing→LogSpectrum，将 GeoDiskIn 模块中的输入数据选为地表一致性振幅补偿作业的输出数据，如图 3.60 所示。

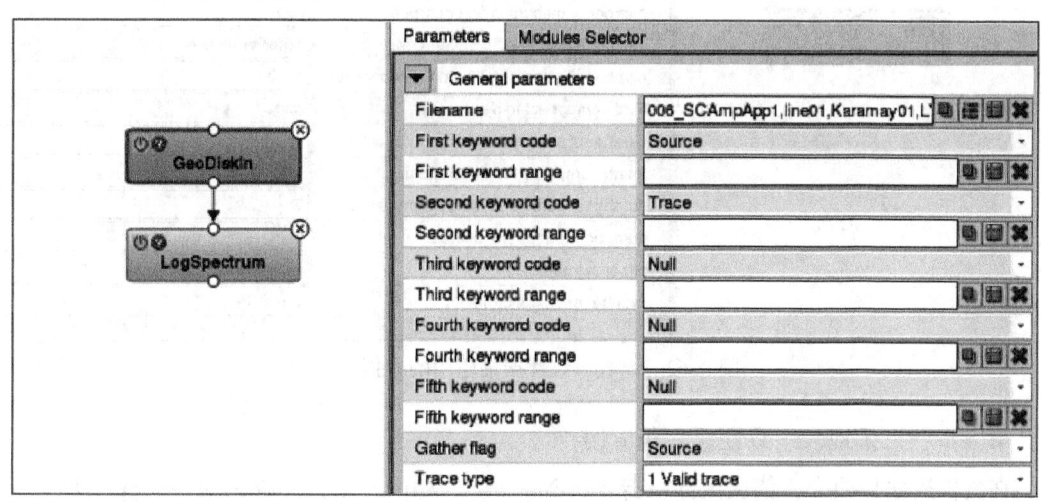

图 3.60　对数谱计算的数据输入

输入分析时窗、赛谱长度等参数，自定义输出的赛谱数据表名，如图 3.61 所示。

第二步：三维地表一致性谱分解。

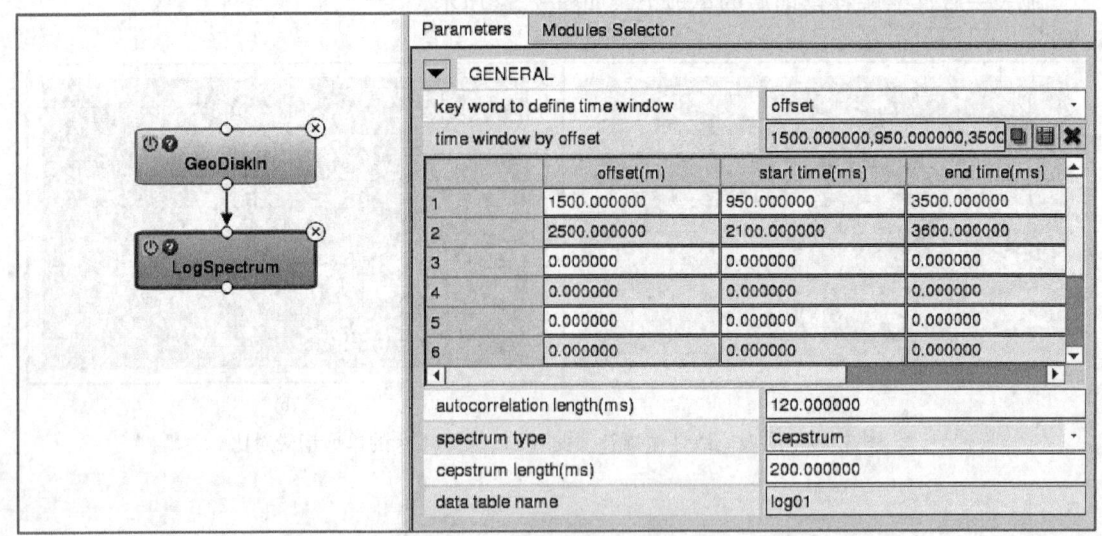

图 3.61 对数谱计算的核心模块

在流程搭建界面中,依次鼠标左击 Add New Flow→Amplitude Processing→SCSpecDecom3D,仅保留 SCSpecDecom3D 模块,选取赛谱数据表,自定义输出谱文件名,填写炮数、检波点数等参数,如图 3.62 所示。

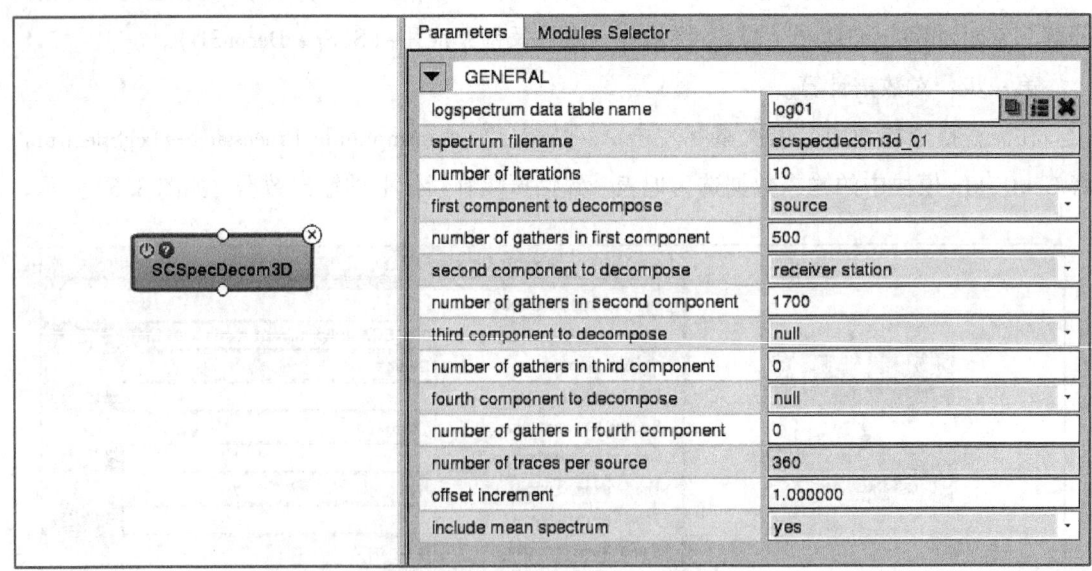

图 3.62 地表一致性振幅应用的数据输入

第三步:三维地表一致性反褶积应用。

在流程搭建界面中,依次鼠标左击 Add New Flow→Amplitude Processing→SCSpecDecon3D,将 GeoDiskIn 模块中的输入数据选为地表一致性振幅补偿作业的输出数据,如图 3.63 所示。

选中三维地表一致性谱分解模块输出的功率谱文件,如图 3.64 所示。

自定义三维地表一致性反褶积后的地震数据名称,如图 3.65 所示。

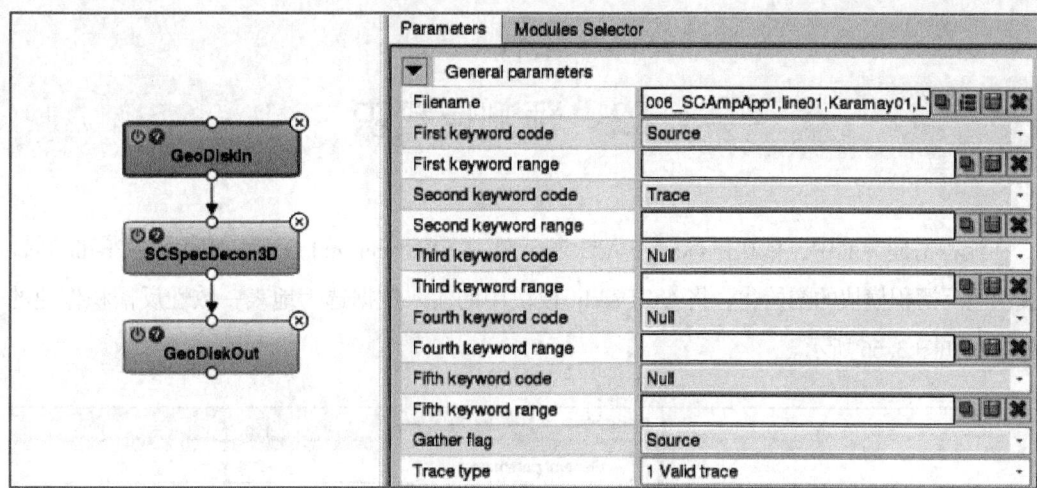

图 3.63　三维地表一致性反褶积应用的数据输入

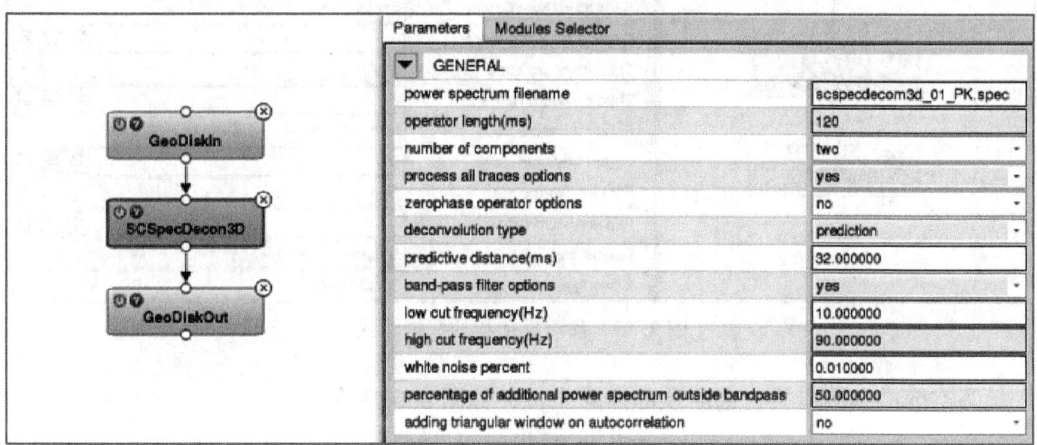

图 3.64　三维地表一致性反褶积应用的核心模块

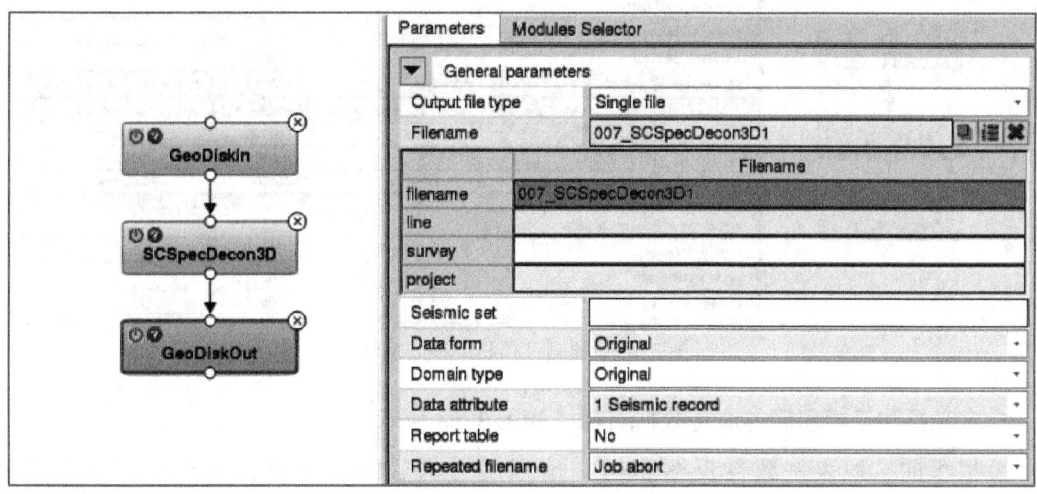

图 3.65　三维地表一致性反褶积应用的数据输出

3.12 预测反褶积

在流程搭建界面中，依次鼠标左击 Add New Flow→Wavelet and Deconvolution→PredictDecon，完成预测反褶积模块的初始化。将 GeoDiskIn 模块中的输入数据选为地表一致性反褶积作业的输出数据，如图 3.66 所示。

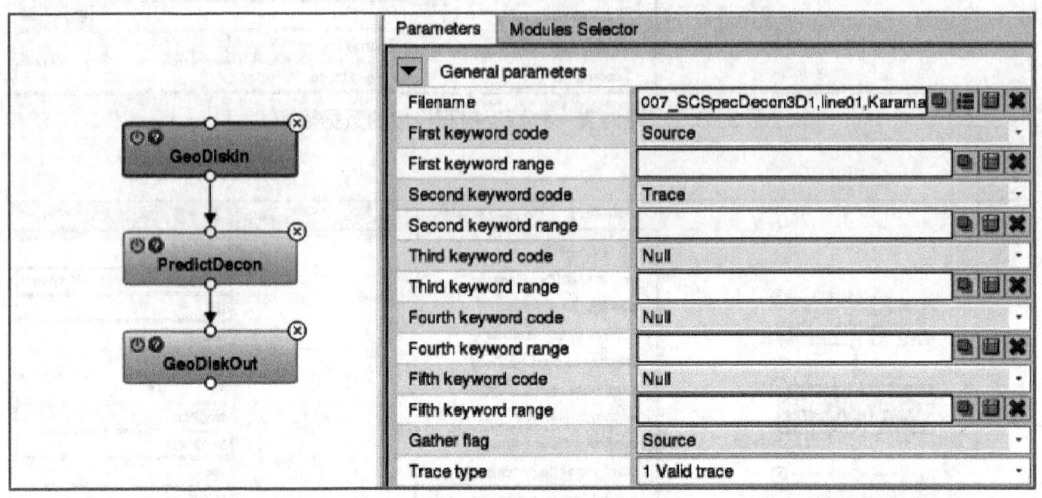

图 3.66　预测反褶积的数据输入

填写空变的预测步长，选取顶部切除文件，如图 3.67 所示。

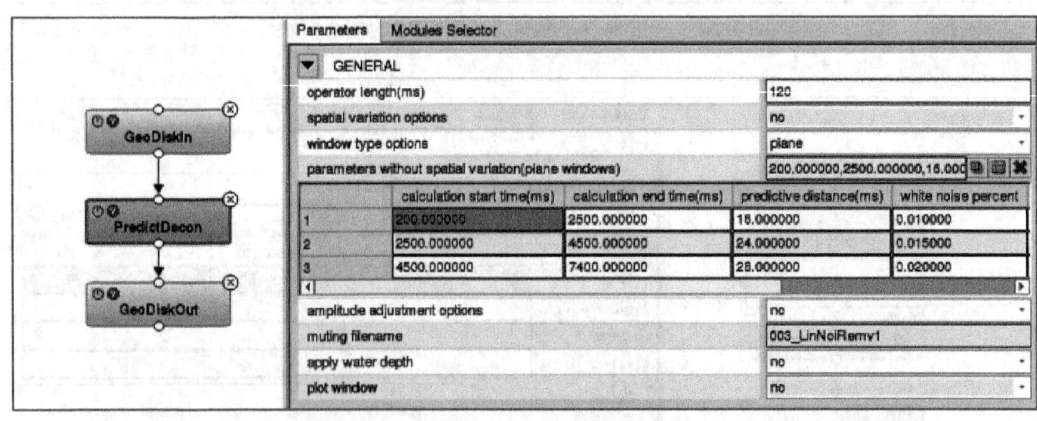

图 3.67　预测反褶积的核心模块

自定义预测反褶积后的地震数据名称，如图 3.68 所示。

反褶积前、地表一致性反褶积后、预测反褶积后的子波自相关对比图如图 3.69 所示。

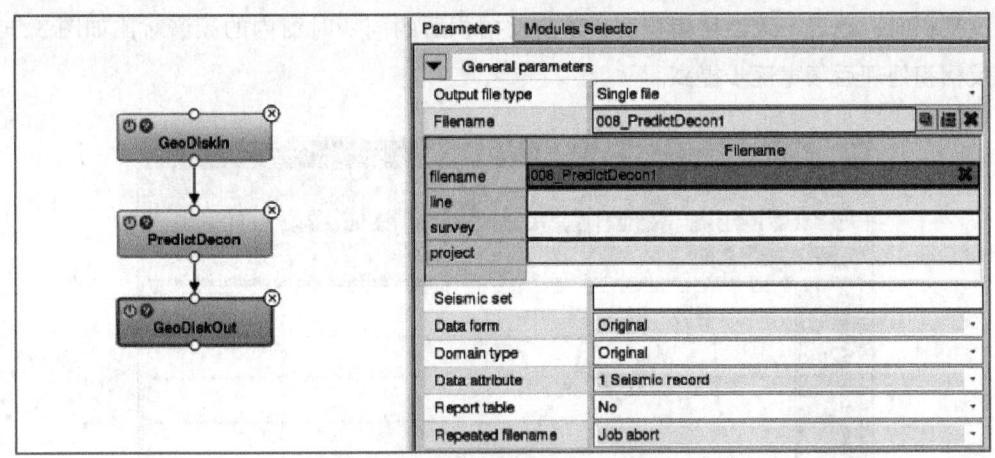

图 3.68 预测反褶积的数据输出

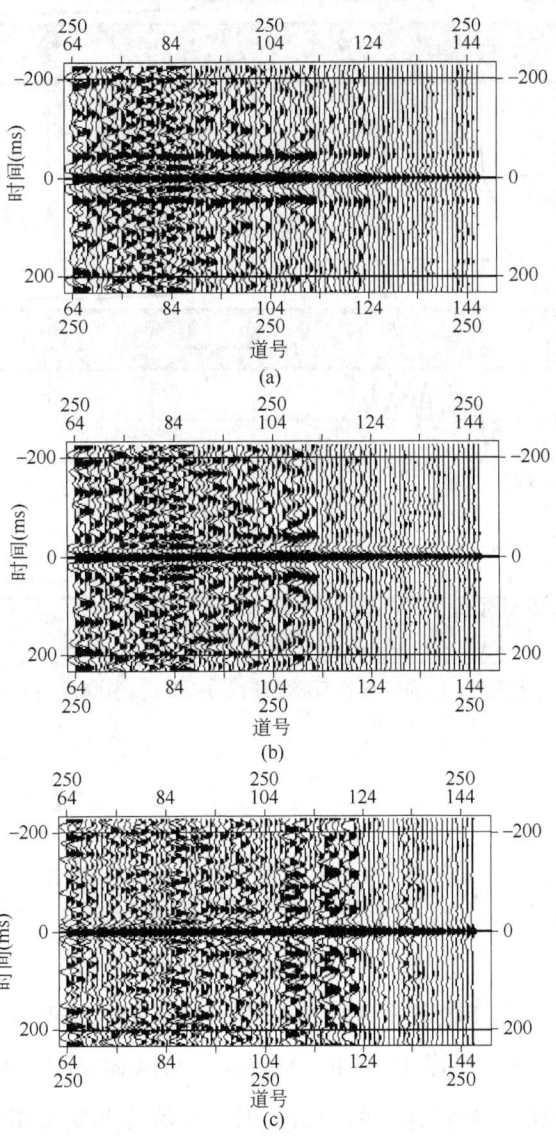

图 3.69 反褶积前 (a)、地表一致性反褶积后 (b)、预测反褶积后 (c) 子波自相关对比图

反褶积前、地表一致性反褶积后、预测反褶积后的同一时窗内的频谱对比如图 3.70 所示，反褶积处理后频宽逐步提高。

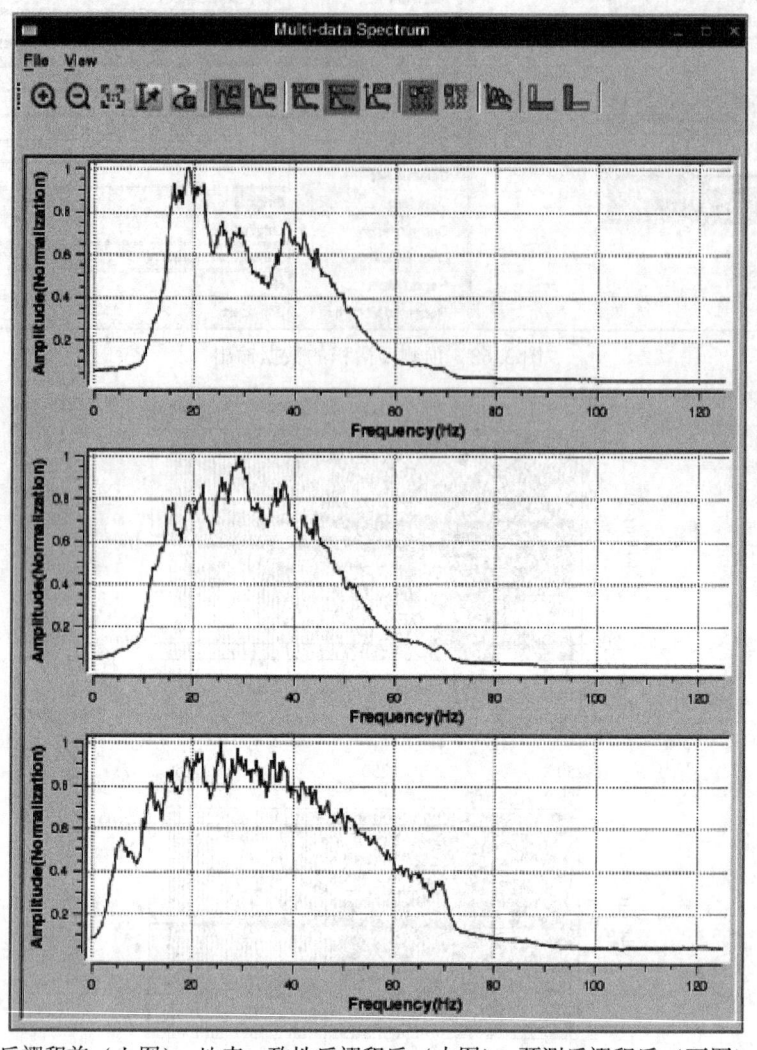

图 3.70　反褶积前（上图）、地表一致性反褶积后（中图）、预测反褶积后（下图）的振幅谱

3.13　速度分析

在流程搭建界面中，依次鼠标左击 Add New Flow→Velocity Analysis→VelAnaDefinition，并在 VelAnaDefinition 模块后，依次串联 TVarFilt、AmpEqu、VelAnaCorr 模块，将 VelAnaDefinition 模块中的输入数据选为预测反褶积作业的输出数据，并填写起始 CMP 号等参数，如图 3.71 所示。

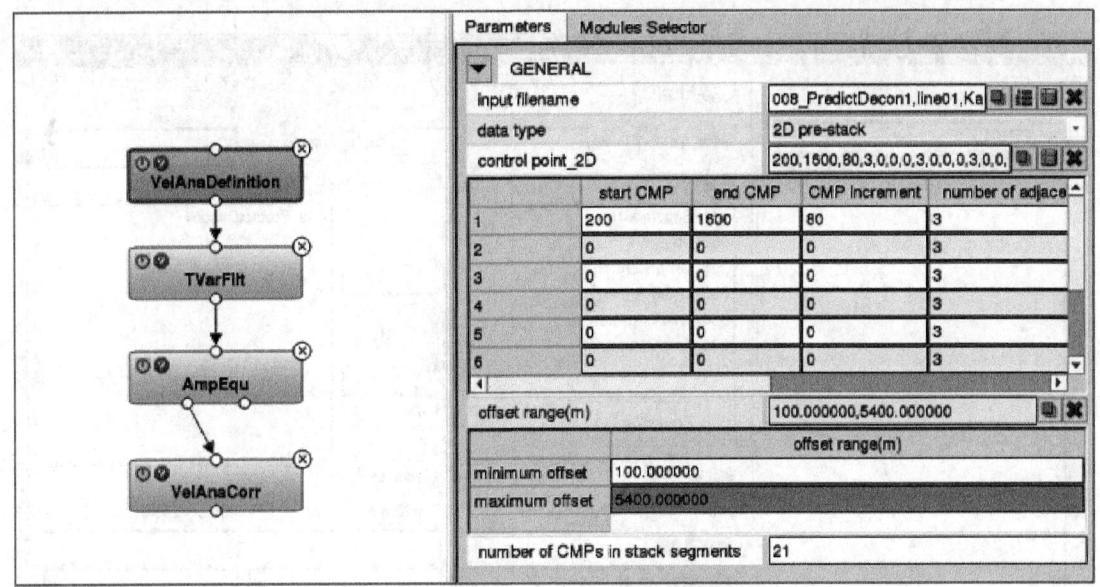

图 3.71 速度分析作业的数据输入

滤波器和振幅均衡模块的参数与初次速度分析作业中的相同，自定义输出速度文件名，并选取顶部切除文件，相关速度谱计算模块的参数选取如图 3.72 所示。

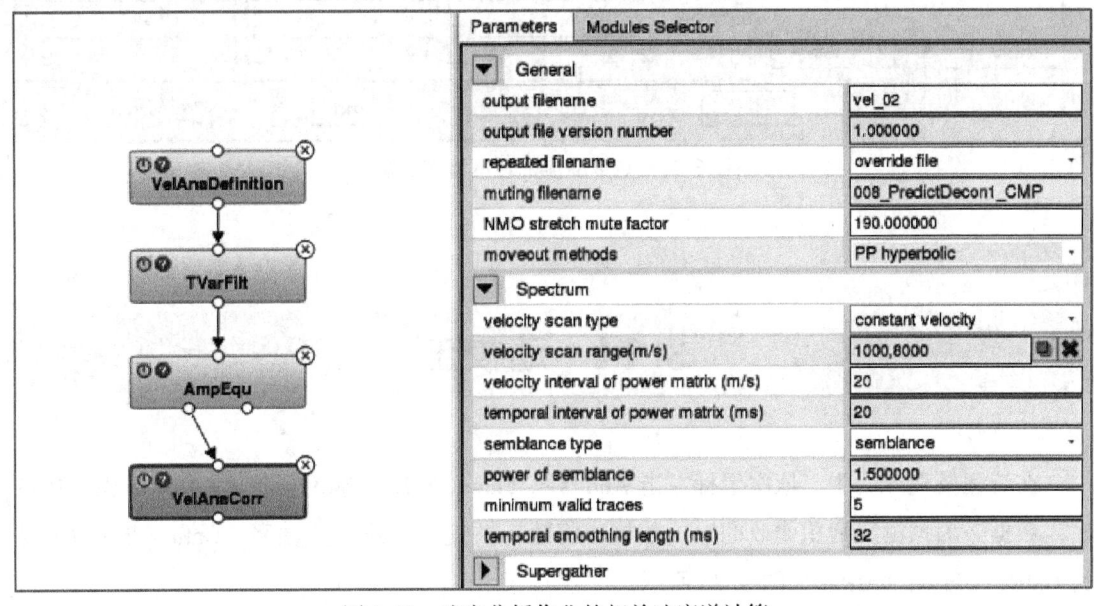

图 3.72 速度分析作业的相关速度谱计算

鼠标左击主控台的 VelocityAna 选项，进入速度分析交互界面，依次鼠标左击 File→Open Session→Create，自定义 session 名称，选取最新生成的速度谱，最后鼠标左击 OK，如图 3.73 所示，进入速度交互拾取界面进行全部 CMP 的速度拾取。

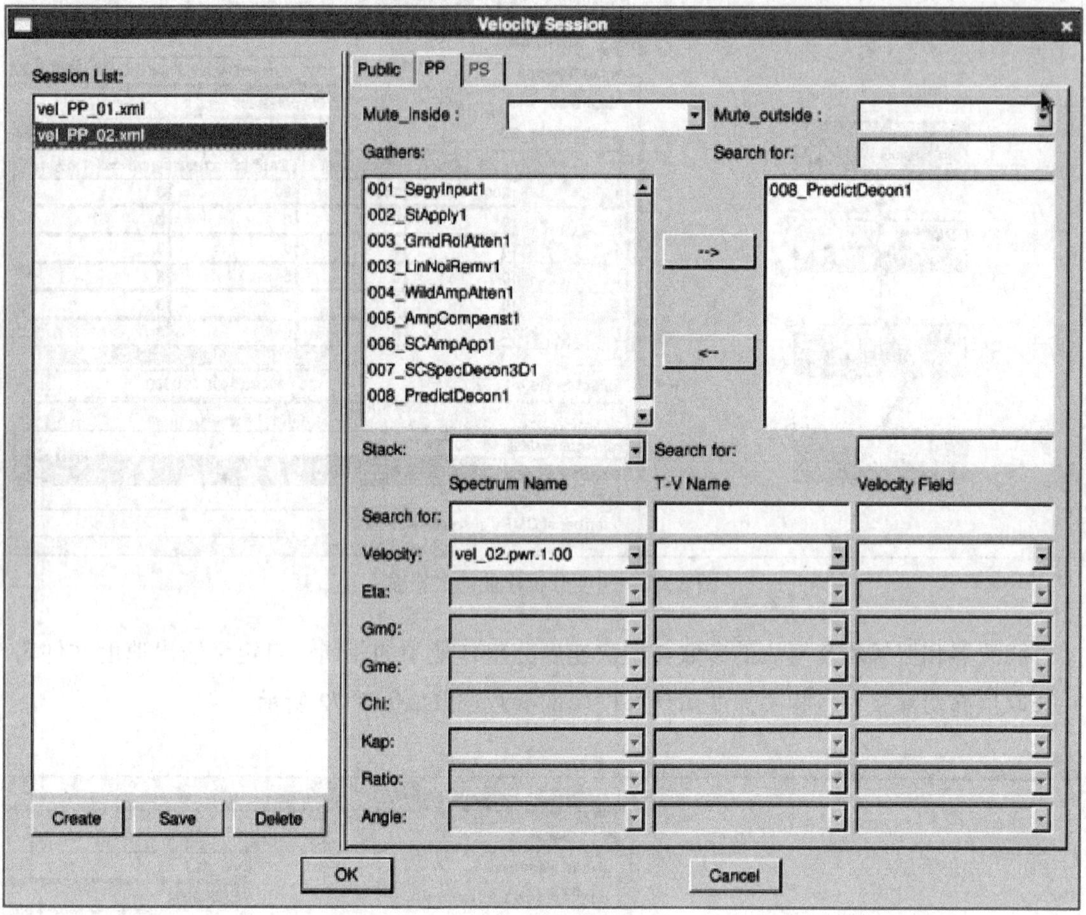

图 3.73　选取对应的速度谱和道集

3.14　动校正

在流程搭建界面中，依次鼠标左击 Add New Flow→NMO→NMO，将 GeoDiskIn 模块中的输入数据选为预测反褶积作业的输出数据，将第一关键字、第二关键字、Gather flag 分别选为 CMP、Offset、CMP，如图 3.74 所示。

选取最新拾取的速度文件，如图 3.75 所示。

自定义动校正后的地震数据名称，如图 3.76 所示。

动校正后的地震数据浅层存在较强拉伸，对动校正拉伸进行顶部切除，并保存切除文件，如图 3.77 所示。

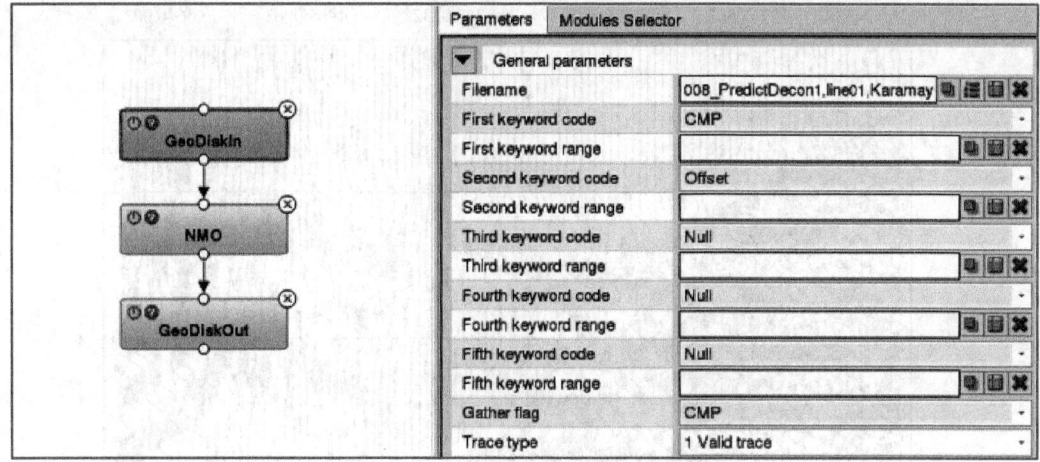

图 3.74 动校正作业的数据输入

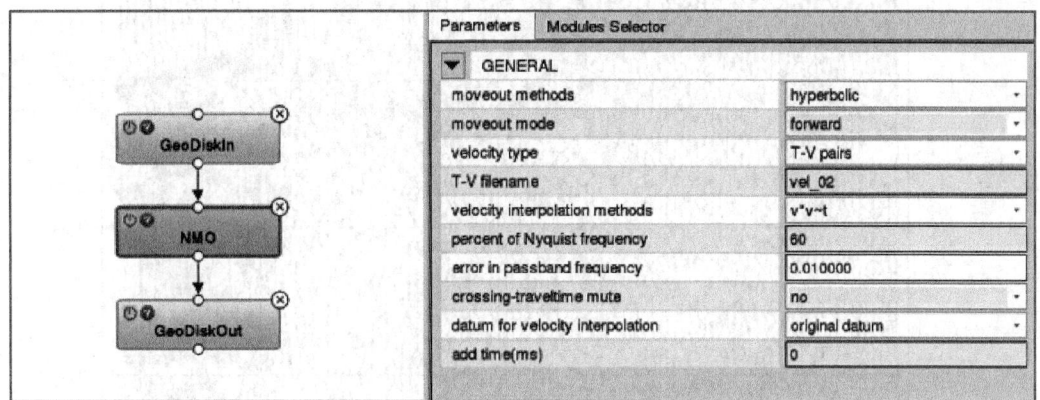

图 3.75 动校正作业的核心模块

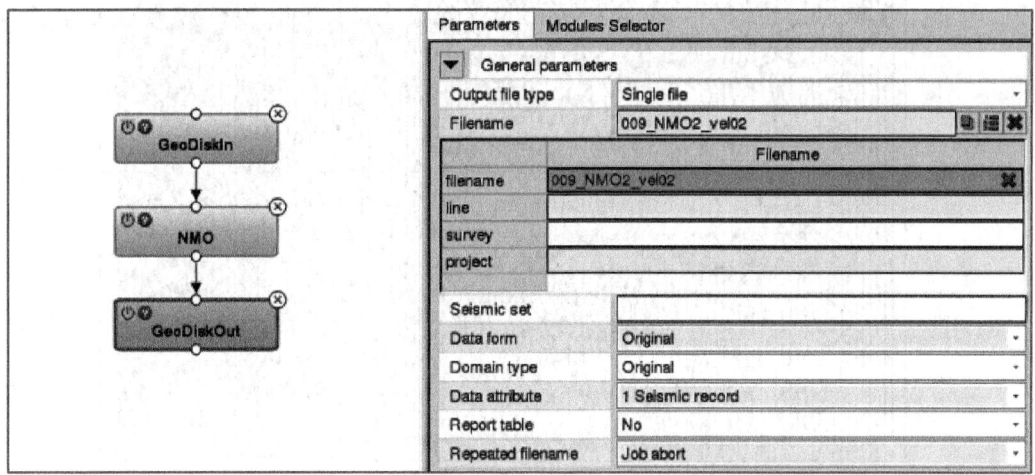

图 3.76 动校正作业的数据输出

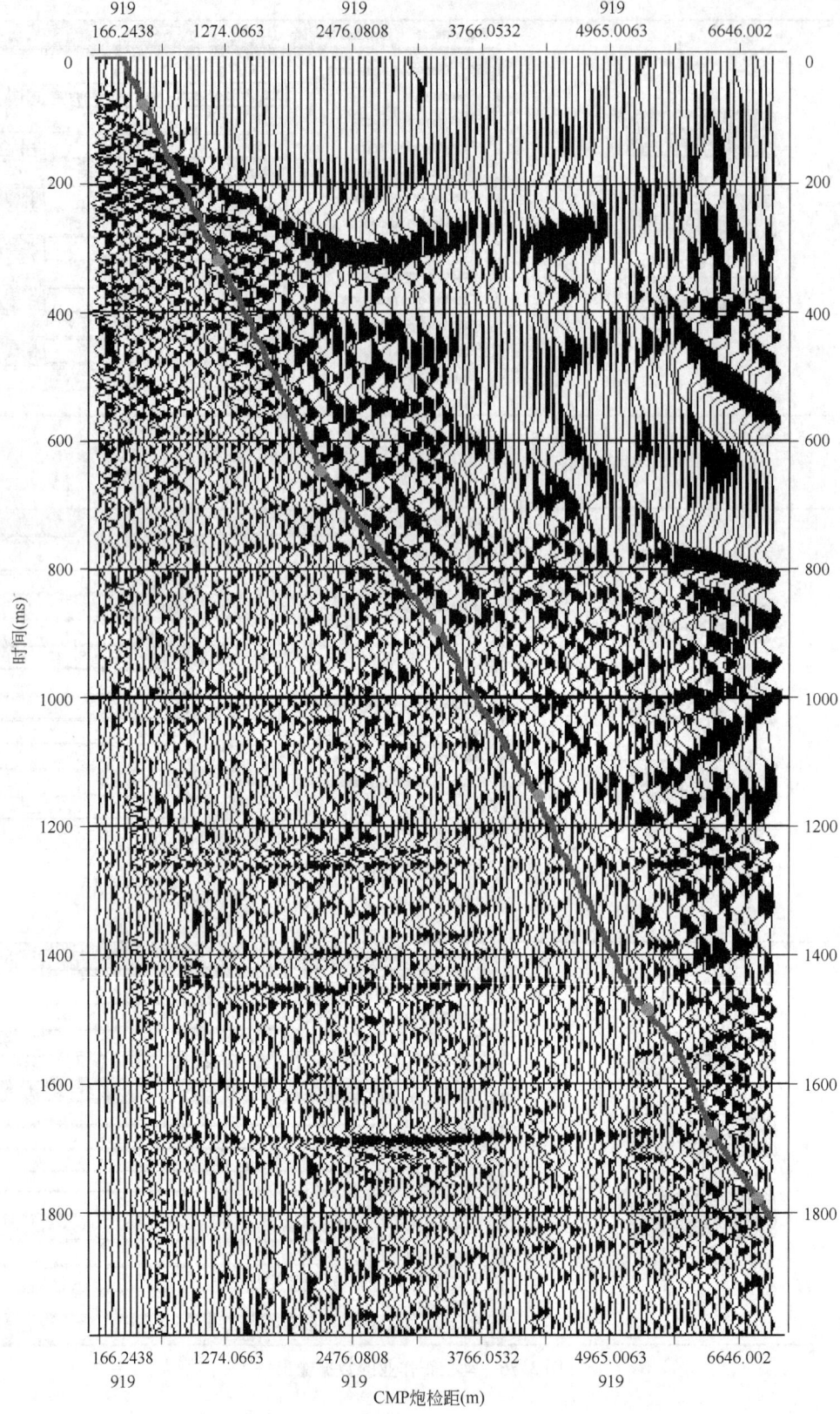

图 3.77 拾取动校正拉伸切除线

3.15 叠加

在流程搭建界面中，依次鼠标左击 Add New Flow→Stacking and DMO→Stacking，在 GeoDiskIn 模块后插入 Muting3D 模块。将 GeoDiskIn 模块中的输入数据选为动校正作业的输出数据，将第一关键字、第二关键字、Gather flag 分别选为 CMP、Offset、CMP，如图 3.78 所示。

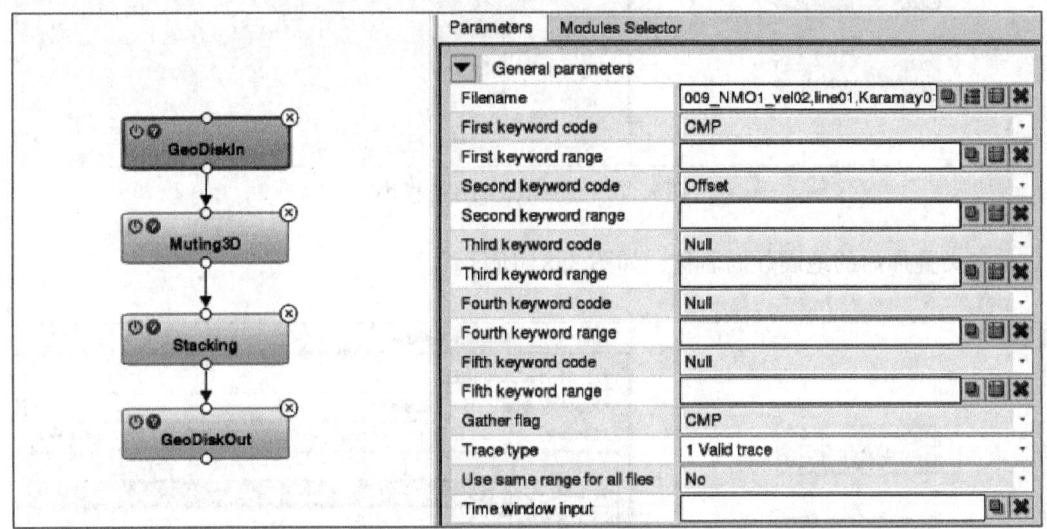

图 3.78　水平叠加作业的数据输入

选取动校正拉伸后保存的切除文件，如图 3.79 所示。

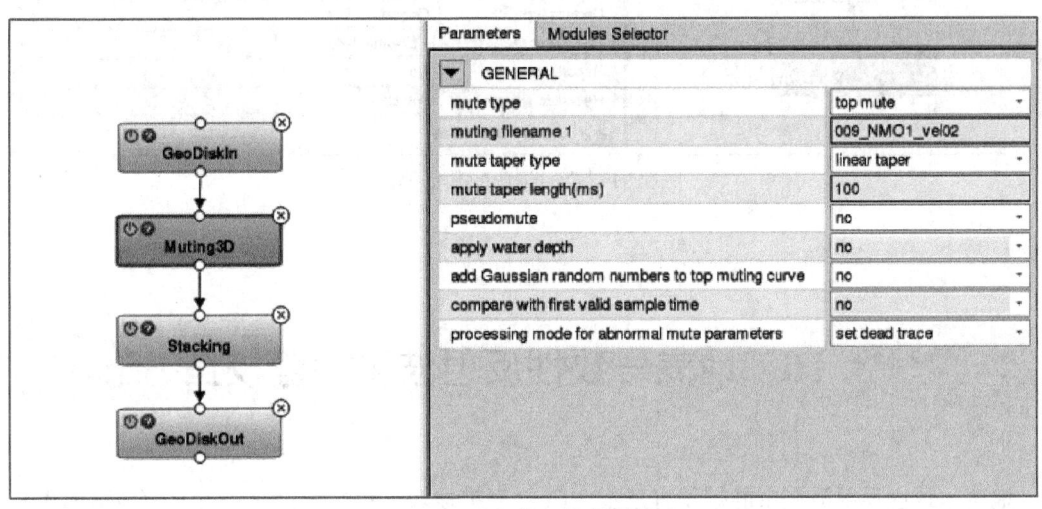

图 3.79　叠加作业的拉伸切除

叠加模块的参数缺省即可,如图3.80所示。

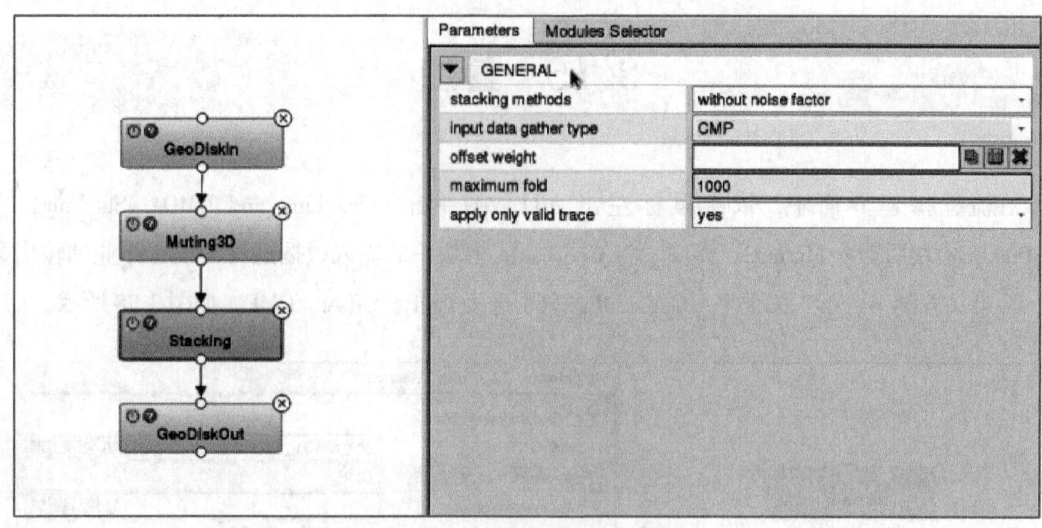

图3.80 叠加作业的核心模块

自定义叠加后的地震数据名称,如图3.81所示。

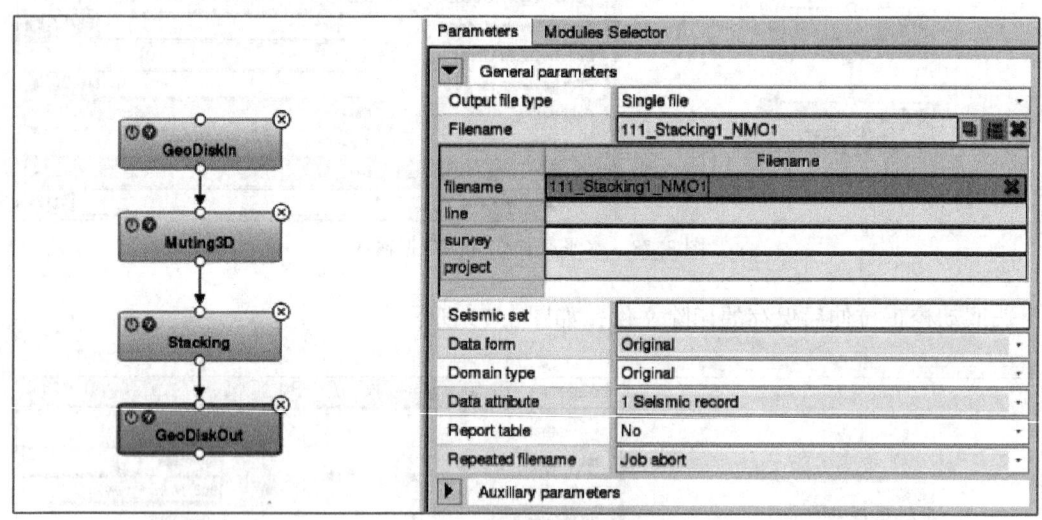

图3.81 叠加作业的数据输出

3.16 地表一致性反射波剩余静校正

地表一致性反射波剩余静校正有三步:(1)三维地表一致性剩余时差计算(SCRsCal3D);(2)三维地表一致性剩余时差分解(SCRsDecom3D);(3)静校正量应用(StApply)。

第一步：三维地表一致性剩余时差计算。

在流程搭建界面中，依次鼠标左击 Add New Flow→Near-surface and Statics→SCRsCal3D，将 GeoDiskIn 模块中的输入数据选为动校正作业的输出数据，将第一关键字、第二关键字、Gather flag 分别选为 CMP、Offset、CMP，如图 3.82 所示。

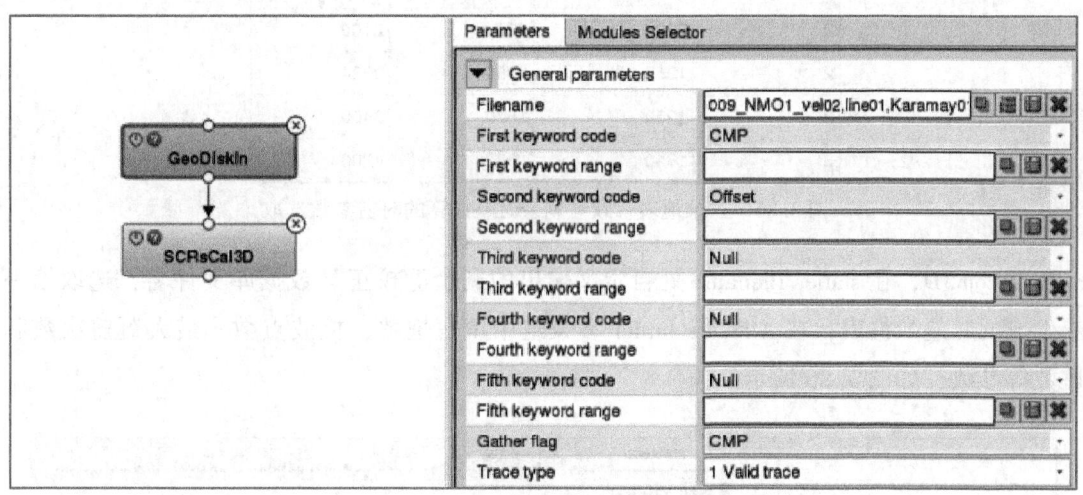

图 3.82　三维地表一致性剩余时差计算的数据输出

输入模型选为叠加剖面，如图 3.83 所示，自定义输出的时差文件名称，输入时窗参数（图 3.84），将模型类型选为外部模型（external）。

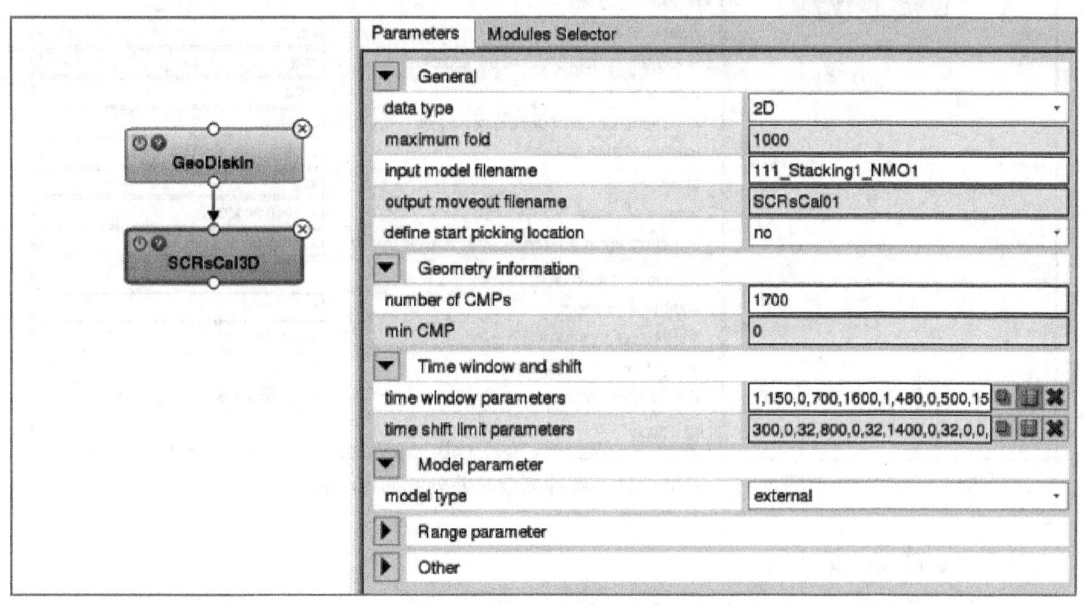

图 3.83　三维地表一致性剩余时差计算的核心模块

第二步：三维地表一致性剩余时差分解。

在流程搭建界面中，依次鼠标左击 Add New Flow → Near-surface and Statics →

window name	CMP	CMP line	start time(ms)	end time(ms)
1	150	0	700	1600
1	480	0	500	1500
2	610	0	358	1000
2	700	0	340	2100
2	900	0	727	2100
2	1250	0	1980	3284
3	1260	0	1670	3400
3	1640	0	1670	4200

图 3.84 三维地表一致性剩余时差计算的时窗参数选取

SCRsDecom3D，在 statics filename 处自定义输出的剩余静校正量数据库文件名，选取第一步生成的时差数据表，在 Allocate buffer 参数组中填写炮数、检波点数、最大覆盖次数和道数等参数，如图 3.85 所示。

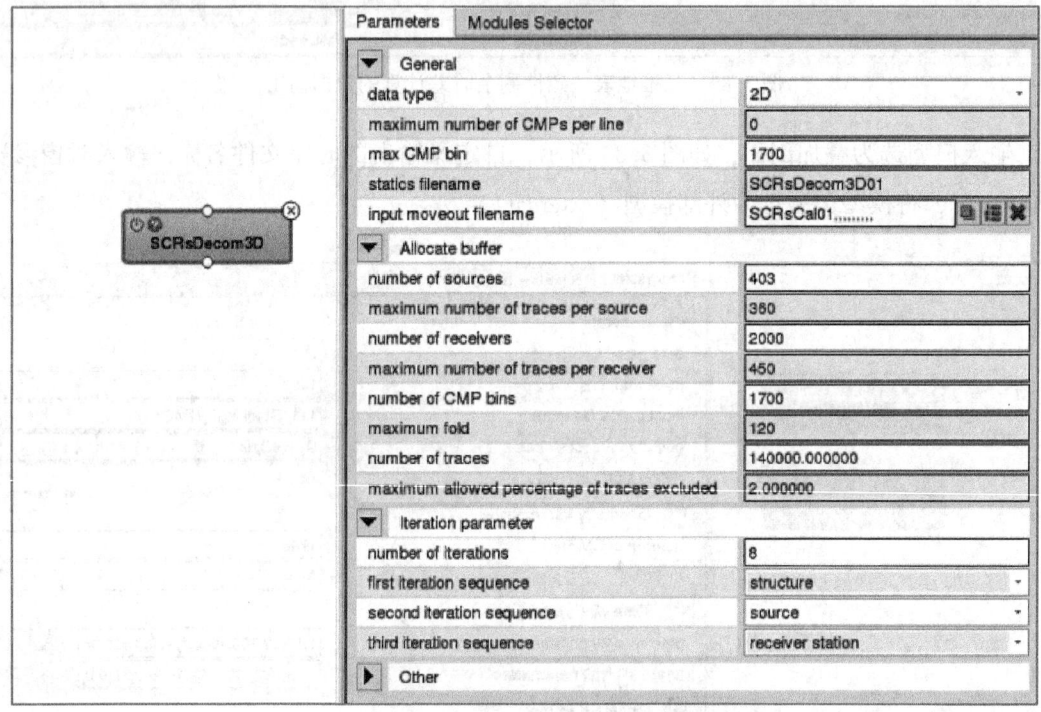

图 3.85 三维地表一致性剩余时差分解的核心模块

第三步：静校正量应用。

在流程搭建界面中，依次鼠标左击 Add New Flow→Near-surface and Statics→StApply，将 GeoDiskIn 模块中的输入数据选为预测反褶积作业的输出数据，如图 3.86 所示。

在 application options 选项中选择 residual static correction，选取第二步生成的剩余静校正量数据库文件，如图 3.87 所示。

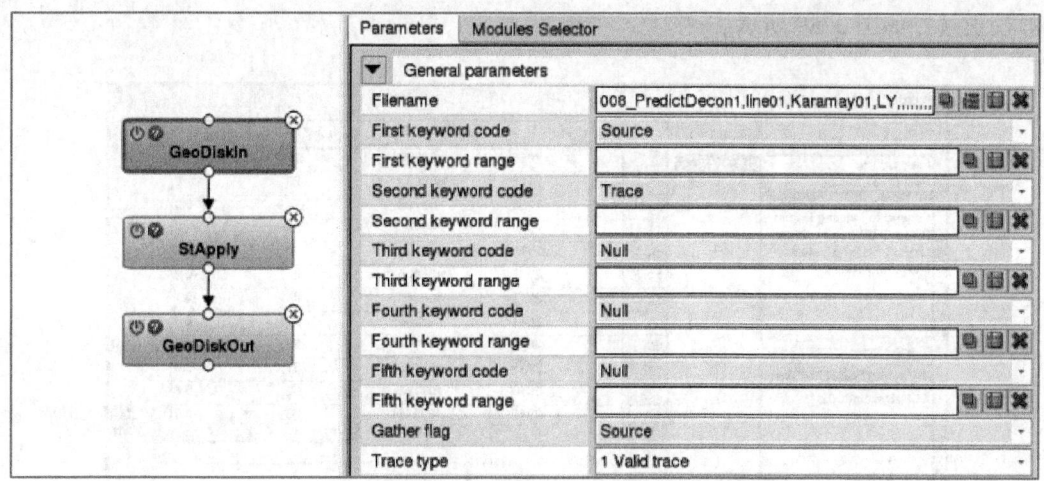

图 3.86　三维地表一致性剩余时差分解的数据输入

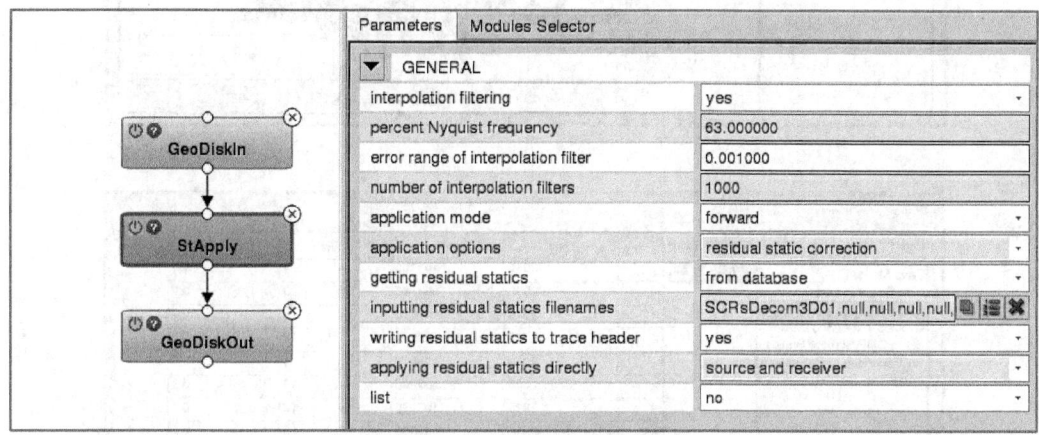

图 3.87　三维地表一致性剩余时差分解的核心模块

自定义地表一致性反射波剩余静校正后的地震数据名称，如图 3.88 所示。

鼠标右击 WorkFlow 中的测线 line01，依次鼠标左击 Database Browser→Statics，可查看剩

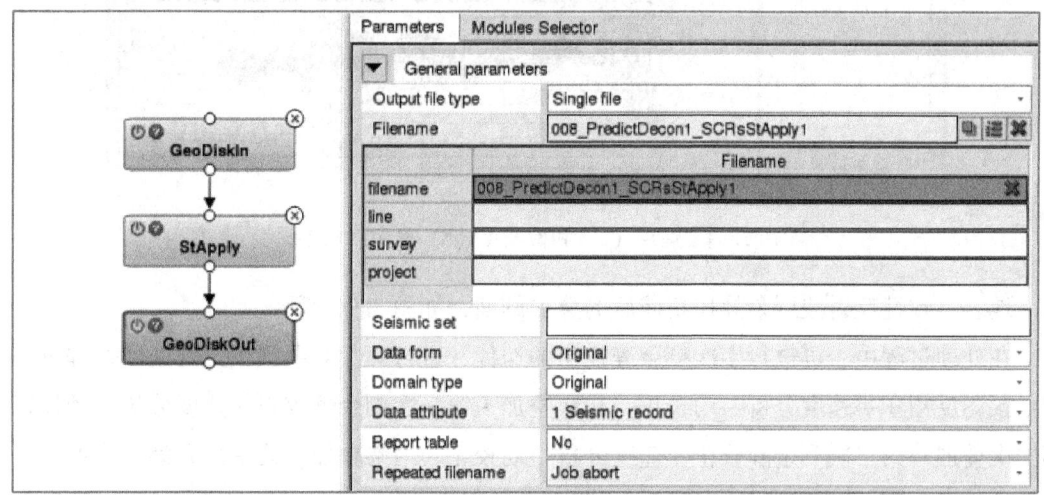

图 3.88　三维地表一致性剩余时差分解的数据输出

— 69 —

余静校正量,如图 3.89 所示。

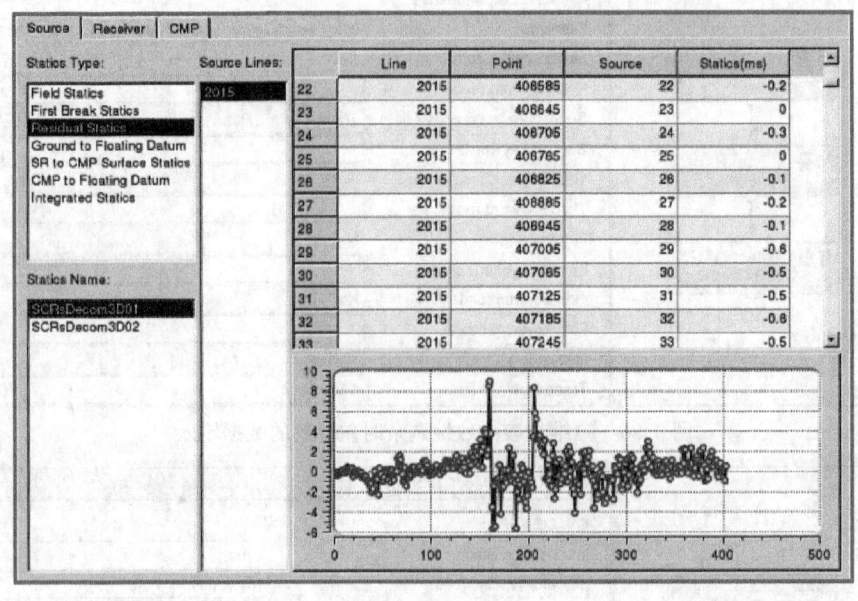

(a)

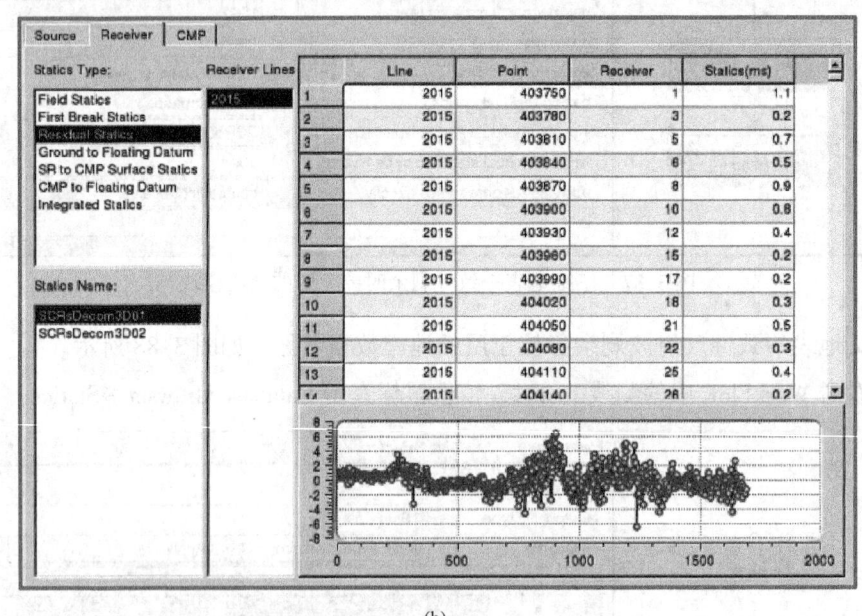

(b)

图 3.89　炮点 (a) 和检波点 (b) 剩余静校正量

地表一致性反射波剩余静校正前后的叠加剖面,如图 3.90 所示。

在处理过程中,可进行多次剩余静校正的迭代,进行两次剩余静校正的迭代过程可表示为:预测反褶积→速度分析→动校正→初次叠加→第一次剩余静校正→速度分析→动校正→第二次叠加→第二次剩余静校正→速度分析→动校正→最终叠加。第一次和第二次检波点剩余静校正量如图 3.91 所示,可见第二次剩余静校正量总体上小于第一次剩余静校正量。

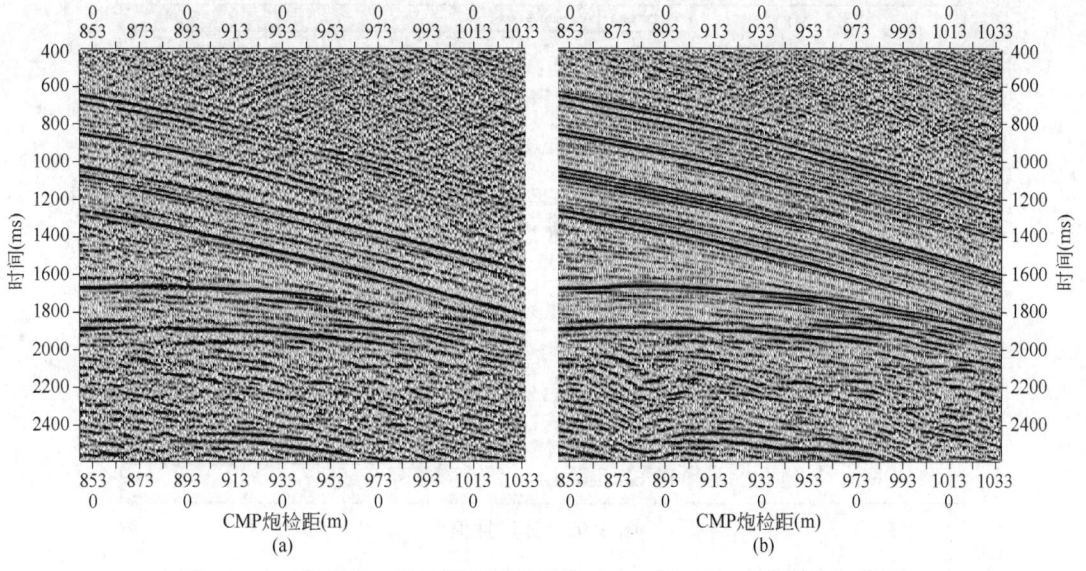

图 3.90 三维地表一致性剩余静校正前（a）、后（b）的局部叠加剖面

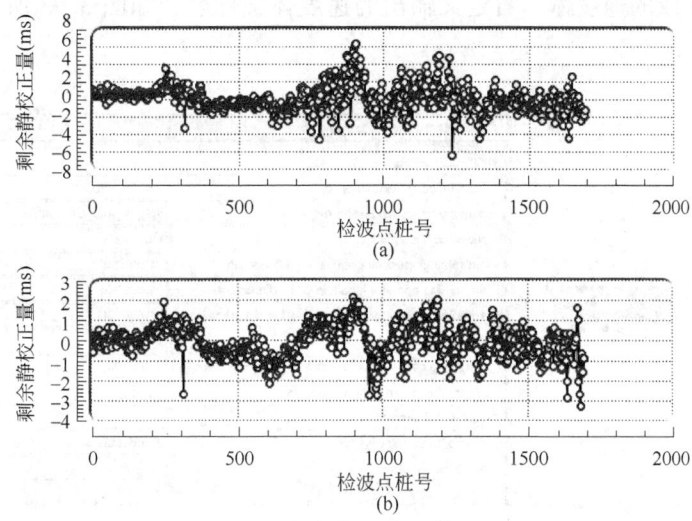

图 3.91 第一次（a）与第二次（b）检波点剩余静校正量

3.17 叠后偏移

利用 VelIntp 和 VelSmooth 模块依次对拾取的最新速度（T-V 对数据）进行速度插值和速度平滑处理，生成叠后偏移所需的平滑速度体数据。在流程搭建界面中，依次鼠标左击 Add New Flow→Velocity Analysis→VelIntp，将输入 T-V 文件选为最新拾取的速度，自定义输出的速度体文件名，填写输出数据对应的范围参数，如图 3.92 所示，随后保存并发送作业。

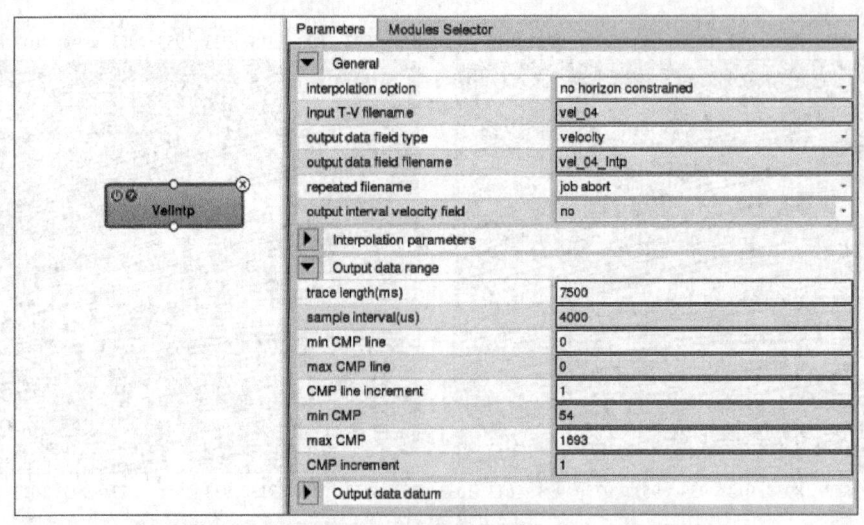

图 3.92 速度插值

在流程搭建界面中，依次鼠标左击 Add New Flow→Velocity Analysis→VelSmooth，输入选为速度插值后生成的速度体，自定义输出的速度体文件名，如图 3.93 所示，随后保存并发送作业。

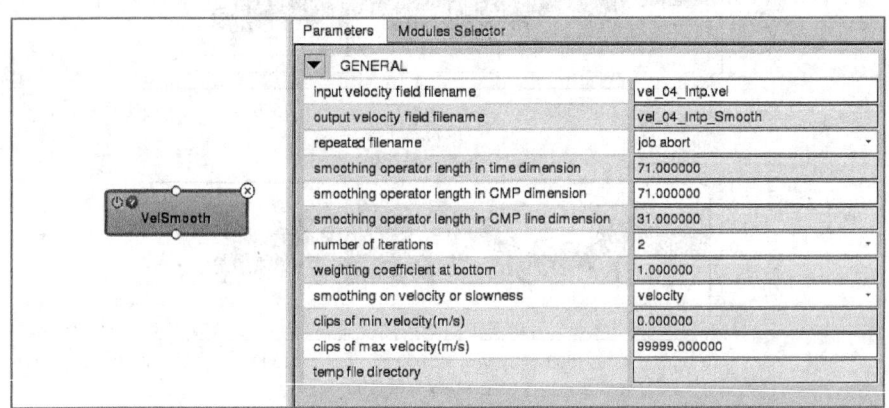

图 3.93 速度平滑

在流程搭建界面中，依次鼠标左击 Add New Flow→PostStack Migration→FDMig2D，将 GeoDiskIn 模块中的输入数据选为最终叠加剖面，将第一关键字、第二关键字、Gather flag 分别选为 CMP line、CMP、CMP，如图 3.94 所示。

振幅均衡方式选为均方根（RMS），如图 3.95 所示。

选取有限差分 45°偏移，填写 CMP 道间距，选取插值平滑后的速度体，填写 CMP 的起止号，如图 3.96 所示。

自定义二维差分法叠后时间偏移后的地震数据名称，如图 3.97 所示。

二维差分法叠后时间偏移前后的地震剖面，如图 3.98 所示，可以看到绕射波收敛，倾斜界面归位。

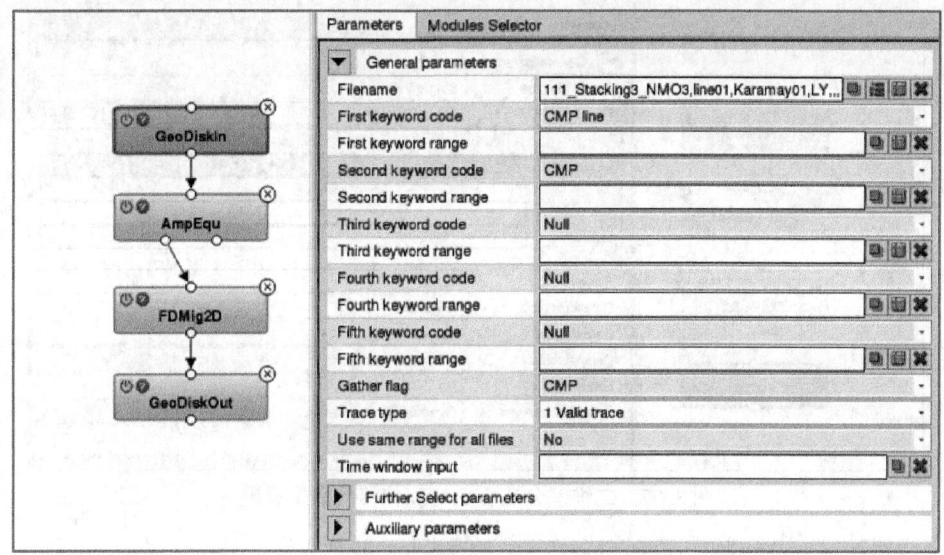

图 3.94　二维差分法叠后时间偏移的数据输入

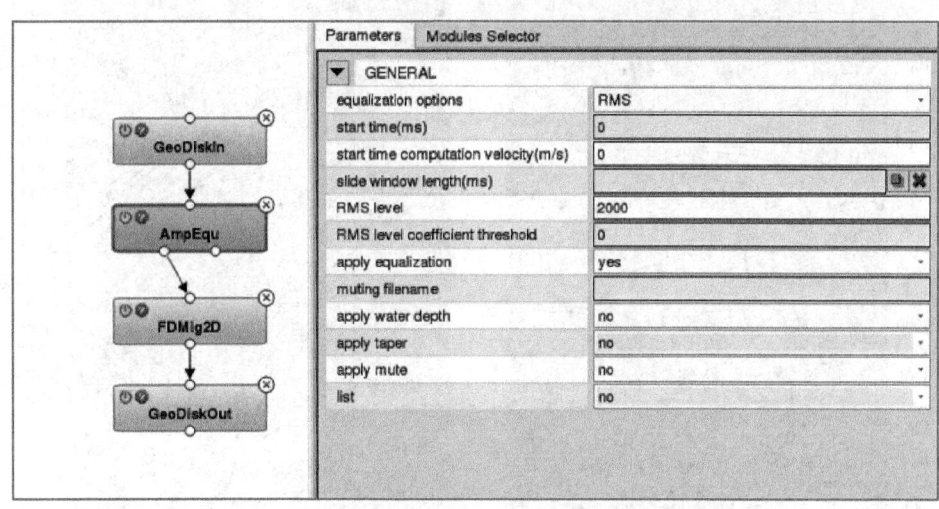

图 3.95　二维差分法叠后时间偏移的振幅均衡

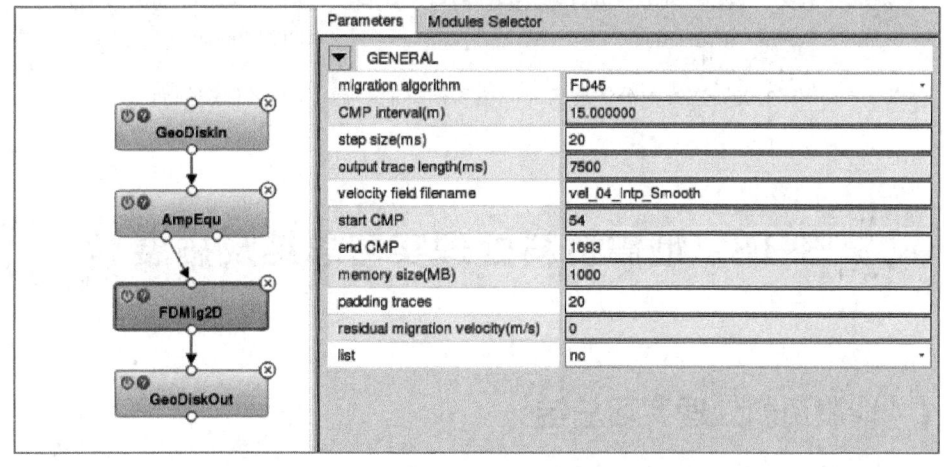

图 3.96　二维差分法叠后时间偏移的核心模块

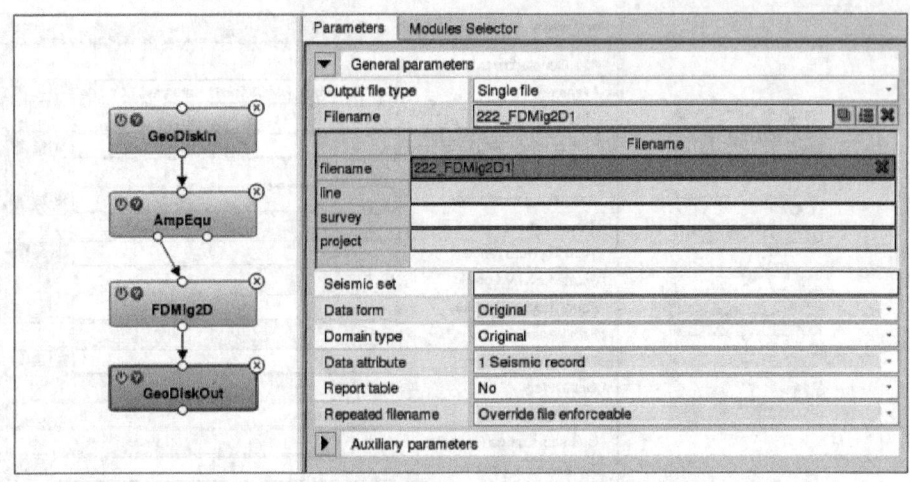

图 3.97　二维差分法叠后时间偏移的数据输出

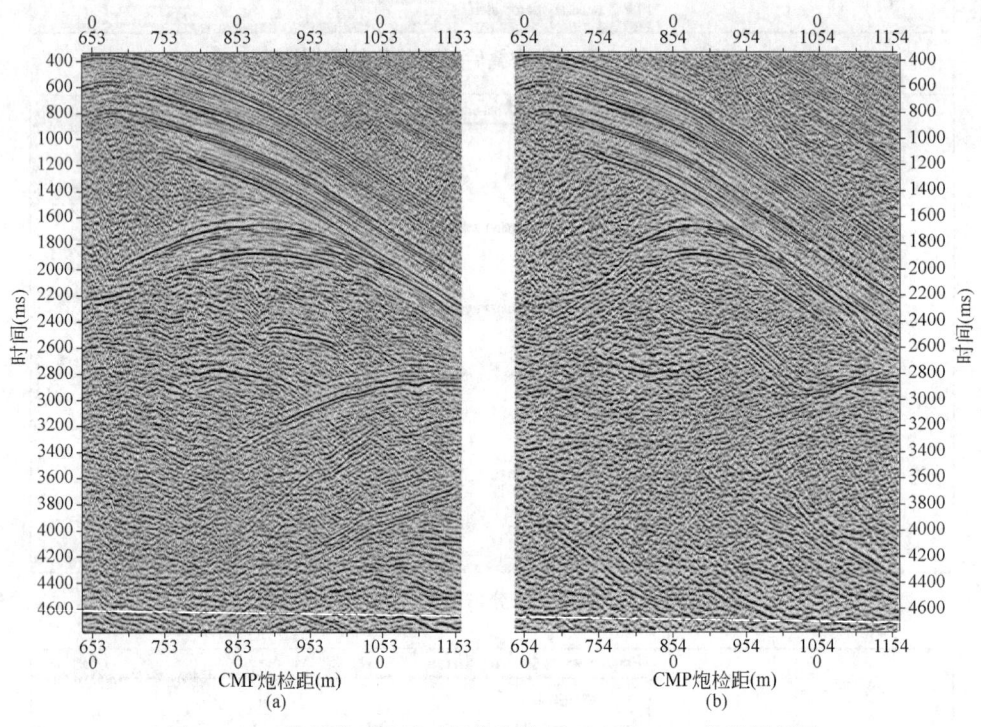

图 3.98　二维差分法叠后时间偏移前（a）、后（b）的地震剖面

3.18　地震资料处理实习总结及拓展

3.18.1　地震资料处理实习总结

本章节所介绍的地震资料处理实习上机操作涉及的全部处理模块可用一个总的流程图概

括,如图3.99所示,该图展示的是进行了两次剩余静校正处理的流程,在进行多次迭代时,可在迭代的起始模块开始依次进行模块的克隆,具体操作为鼠标右击所要克隆的模块,在下拉菜单中选中Clone Jobs,再左击OK,即可生成克隆后的模块,模块中的参数可继承原模块中所填参数,从而实现迭代过程中参数的快速填写。

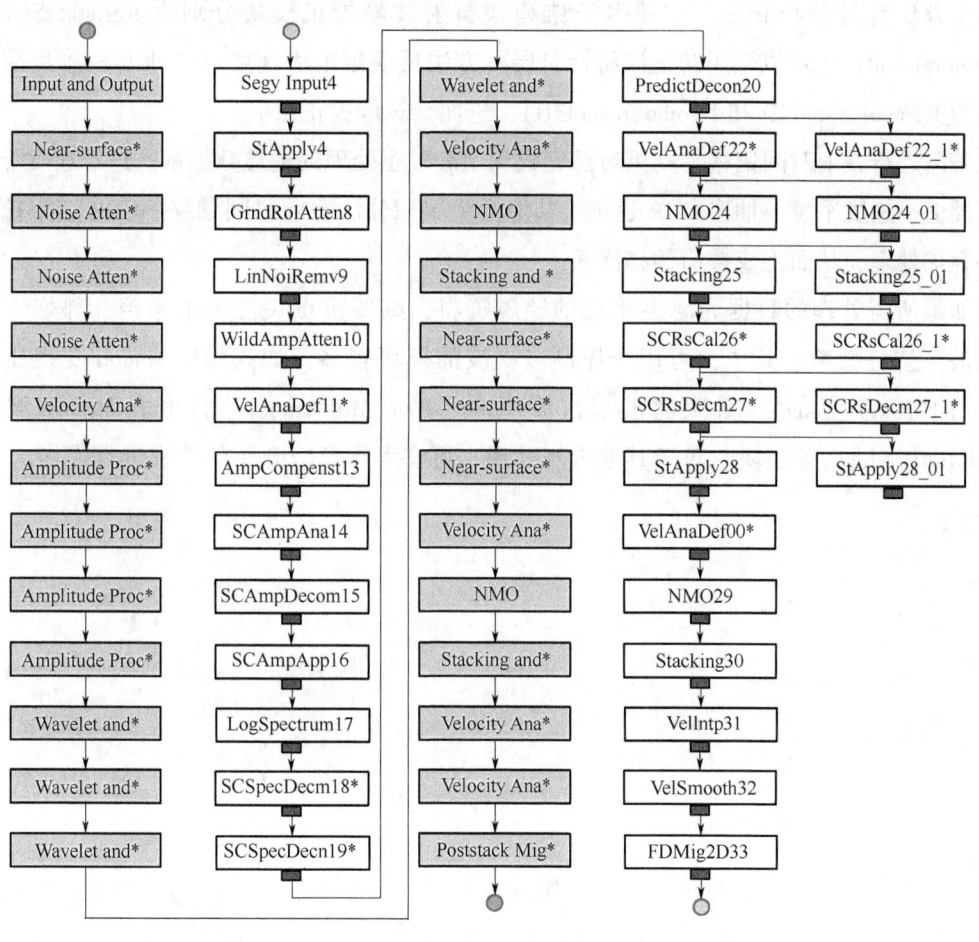

图3.99 总流程图

带*名称的全称为:(1)Amplitude Proc *:Amplitude Processing;(2)Near-surface *:Near-surface and Statics;(3)Noise Atten *:Noise Attenuation;(4)Poststack Mig *:Poststack Migration;(5)SCRsCal *:SCRsCal3D;(6)SCRsDecm *:SCRsDecom3D;(7)SCSpecDecm *:SCSpecDecom3D;(8)SCSpecDecn *:SCSpecDecon3D;(9)Stacking and *:Stacking and DMO;(10)VelAnaDef *:VelAnaDefinition;(11)Velocity Ana *:Velocity Analysis;(12)Wavelet and *:Wavelet and Deconvolution

3.18.2 地震资料处理实习拓展

本章节内容除指导学生进行地震资料处理的实习上机操作外,还可为"东方杯"全国大学生勘探地球物理大赛的参赛选手提供一定的参考。实习的数据为陆上二维地震资料,对于大赛普遍采用的陆上三维勘探采集的地震资料,需要建立三维工区,在数据导入环节进行多线束数据的合并，再对合并后的地震数据进行观测系统定义，随后的处理环节与实习上机操作所介绍的流程大体相似，其中具体的参数需要根据数据特点进行相应的调整。

对于静校正问题比较严重的地震资料，利用野外静校正量一般不能取得较好的效果，此时需要进行初至拾取，利用拾取的初至时间计算静校正量，再进行静校正。可以采用折射波静校正方法计算静校正量，二维和三维模块折射波静校正模块分别为 RefractorSta2D 和 RefractorStaCal；也可以采用初至波旅行时层析方法反演近地表速度（二维和三维反演模块分别为 PTomoFresnel2D 和 PTomoFresnel3D），进而计算静校正量。

若需进行叠前时间偏移，则可对已完成剩余静校正处理的地震数据依次进行速度分析→速度插值→速度平滑→抽取 CRP 道集→共炮检距域积分法叠前时间偏移→CRP 道集拉伸切除→叠加处理，从而生成叠前偏移剖面。

如果所需处理的数据为海上采集的地震资料，则要重点关注涌浪噪声、邻炮干扰和多次波干扰等噪声。其中，可用于压制多次波的模块较多，如高精度 Radon 变换压制多次波（HiRadonTrans）、聚束滤波多次波压制（BeamMultAtten）、自由表面多次波预测（SurfMultPredic）等模块。对于其他常规处理，可参考本章节介绍的流程进行操作。

4 地震资料解释实习技术

本章介绍了地震子波生成与提取、合成地震记录制作、井震层位标定、地震层位追踪对比、断层解释、相干体计算、地震构造图绘制与解释、地震属性等技术。

4.1 地震子波生成与提取

地震记录包含了地下地层界面信息,利用它所携带的旅行时间、振幅和相位等信息,可以推断地下构造和岩性等。地震记录等于地下反射系数与地震子波的褶积加上噪声,地震子波是一段具有确定的起始时间、能量有限且有一定延续长度的信号,它是地震记录的基本单元。作为地震记录褶积模型的一个分量,地震子波的生成与提取是地震正演和反演的关键环节。

4.1.1 地震子波的分类

地震子波可分为最小相位子波(最小能量延迟子波)、混合相位子波、最大相位子波(最大能量延迟子波),其能量分别集中在子波前部、中部和后部,如图 4.1 所示。

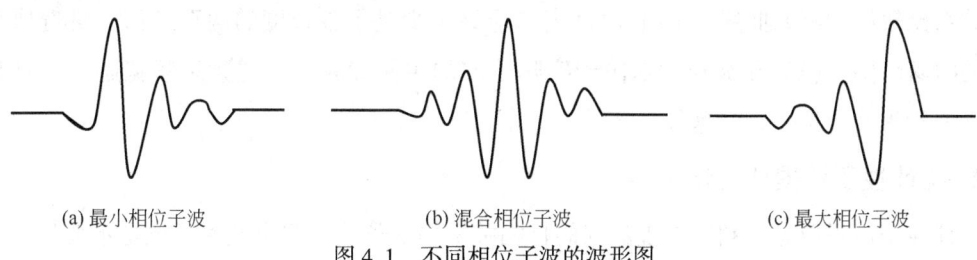

(a) 最小相位子波　　　　(b) 混合相位子波　　　　(c) 最大相位子波

图 4.1　不同相位子波的波形图

4.1.2 雷克子波

雷克子波是一种零相位地震子波,其时间域和频率域的表达式 $w(t)$ 和 $W(f)$ 分别为

$$w(t) = [1-2(\pi f_m t)^2] e^{-(\pi f_m t)^2}, W(f) = \frac{2}{\sqrt{\pi}}(f^2/f_m^3) e^{-(f/f_m)^2} \tag{4.1}$$

式中，f_m、f 和 t 分别表示主频、频率和时间。

图 4.2 显示了一个雷克子波的波形及振幅谱，可见其形状简单，只有一个正峰，两侧各有一个旁瓣，延续时间很短。

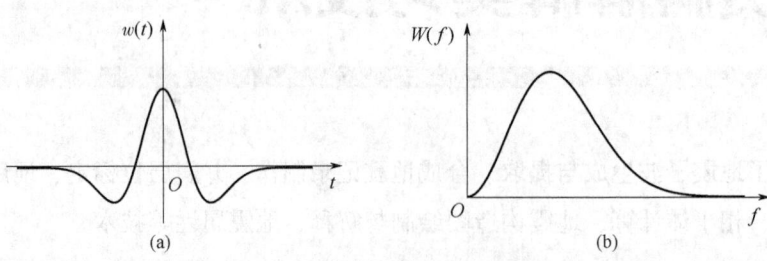

图 4.2 雷克子波波形（a）和振幅谱（b）

在实际合成记录制作中，子波的相位应与实际地震子波相位一致，一般为零相位；子波主频应与实际地震资料的主频一致；子波长度应与实际地震子波长度接近，一般 100ms 左右。

4.1.3 地震子波的提取方法

地震子波的提取方法包括两个大类，第一类是确定性子波提取方法，第二类是统计性子波提取方法。

1. 确定性子波提取方法

确定性子波提取方法根据测井和地震数据来提取子波，首先采用声波测井和密度测井资料计算反射系数，然后结合井旁地震道由褶积理论求出地震子波。考虑到地震子波空间变化的特点，首先由多道相关法提取地震子波的振幅谱，然后结合测井资料确定地震子波的相位谱，最后根据离散反演理论迭代求取精细的井旁地震子波。

主要参数包括：（1）选择使用到的井，在使用井提取子波以前进行井震标定，且使用匹配关系比较好的测井曲线；（2）时间窗口应该至少是子波长度的两至三倍，且选取目的层段的时窗范围；（3）子波长度取决于实际子波的主频和频宽，主频和频宽越大，则长度越小，一般为几十至一百多毫秒。

2. 统计性子波提取方法

统计性子波提取方法利用地震数据的自相关来提取子波。假设地震子波是不变的、反射系数为白噪、地震数据中不含噪声，则利用地震数据的自相关来近似表示地震子波的自相关，从而得到地震子波的振幅谱。假设已知子波的相位谱（最小相位、零相位或最大相位），则可以估算出子波。一般最终地震成果剖面的子波为零相位，所以建议采用零相位。

主要参数包括：（1）道的范围——通常设定一个较大的范围来增加统计精度；（2）时间窗

口——应该至少是子波长度的两倍,且选取目的层段的时窗范围;(3)子波长度——取决于实际子波的主频和频宽,主频和频宽越大,则长度越小,一般为几十毫秒至一百多毫秒。

子波在各地震道之间是变化的,并且随时间变化而变化,即子波是时变和空变的。也就是说,对每个地震剖面而言,都应当能提取大批的子波。但在实际应用中提取可变子波可能会带来更多的不确定性,比较适用的做法是对整个剖面或某个目的层只提取单一子波。子波提取一般步骤如下:

(1)在目的层段附近选择分析时窗,分析其主频,进而获得统计子波(一般为零相位雷克子波);

(2)用统计子波进行合成记录的初步制作,目的是检查靶区的目的层段或标识层段;

(3)针对目的层,要分析波组、波形特征,对井曲线进行微调,使得合成记录与地震记录的相关性进一步提高;

(4)在此基础上选取目的层段提取确定性子波,进行精细标定,进一步提高合成记录与地震记录的相关性。

4.2 合成地震记录制作

测井曲线纵向上分辨率很高,结合岩心、岩屑、录井情况,能够高精度、真实地反映井眼周围地层的性质。地震资料在横向上连续性好、范围广,能够对地层进行连续追踪和预测。合成地震记录方法,实现了测井曲线深度域到地震记录时间域的转换,提高了层位标定精度。经过合成地震记录校正的测井资料,提供了一个精确的时间—深度关系,可用于地面地震数据的时深转换(时间域转换到深度域)。

4.2.1 计算井的声波阻抗

波阻抗 z 表示介质密度 ρ 与速度 v 的乘积($z=\rho v$)。利用密度测井与声波测井数据,可以计算出纵波阻抗,进而计算纵波垂直反射系数。

4.2.2 计算井的反射系数

第 i 个弹性介质分界面上的纵波垂直反射系数 r_i 的计算公式为

$$r_i = \frac{z_{i+1} - z_i}{z_{i+1} + z_i} \tag{4.2}$$

式中,z_i 和 z_{i+1} 分别表示该分界面上覆介质和下伏介质的纵波阻抗。由公式可见,反射系数可正可负，也可为零值，只有存在波阻抗差异的地层分界面上才会有反射波。

4.2.3 时间—深度关系换算

受地下特殊岩性与流体影响，时间域剖面反映的构造形态和深度存在假象，因此需要进行时深转换。对时间偏移剖面，时深转换公式为

$$H = \frac{1}{2} v_{av} t_0 \tag{4.3}$$

式中，H 为深度，v_{av} 为平均速度，t_0 是双程垂直旅行时间。

4.2.4 褶积运算（生产合成地震记录）

合成地震记录通常指用声波测井或垂直地震剖面（VSP）资料经过人工合成转换而成的地震记录（地震道）。制作合成地震记录的目的是建立时间域的地震道与深度域的测井曲线之间的正确的时深映射关系。首先利用测井资料相同深度点上测量到速度和密度，计算出波阻抗，再计算出反射系数；然后利用反射系数 $r(t)$ 和子波 $w(t)$ 进行褶积

$$s(t) = w(t) * r(t) \tag{4.4}$$

得到合成记录道 $s(t)$。图 4.3 显示了褶积模型生成合成记录的过程。

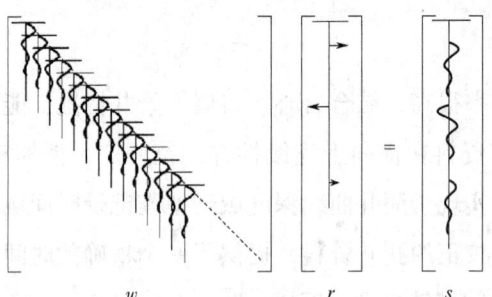

图 4.3 地震子波与反射系数褶积生成合成记录

4.3 井震层位标定

井震层位标定是开展精细构造解释和储层横向预测的基础，是连接地震、地质、测井的桥梁，其结果直接影响着地震反射层的地质年代标定以及井旁地震相和沉积相的划分。井震层位标定是一个利用手工的方式来校正深度—时间曲线，以便优化合成记录和井旁地震道之间匹配关系的过程。井震层位标定是将深度域的地质层位或者岩性数据利用时深关系标定到时间域地震偏移剖面上，完成深度域到时间域的转换。其核心工作是通过各种方法获得准确

的时深关系，时深关系的质量直接决定地震层位标定的精度。

4.3.1 合成地震记录层位标定法

合成地震记录的目的是建立时间域的地震记录与深度域的测井曲线之间的正确的时深映射关系，把井中的各目的层位的深度信息映射到时间域中，获取其地质层位的时间信息。图4.4为井震层位标定示意图，图4.4(a)展示在标定过程中可将合成记录插入到地震道中；图4.4(b)展示在标定过程中可以对合成记录进行适度的拉伸压缩校正，完善合成地震记录及井旁地震道的匹配关系，提高层位标定效果。

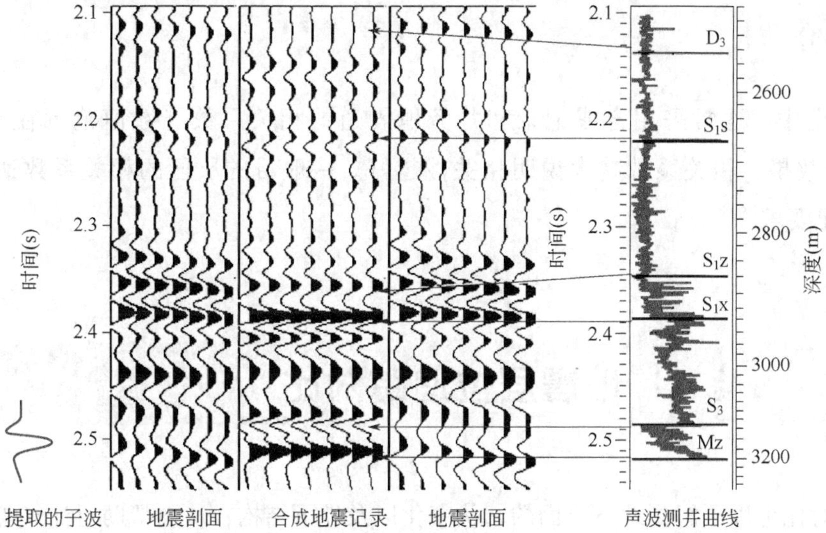

(a) 合成记录插入地震道中

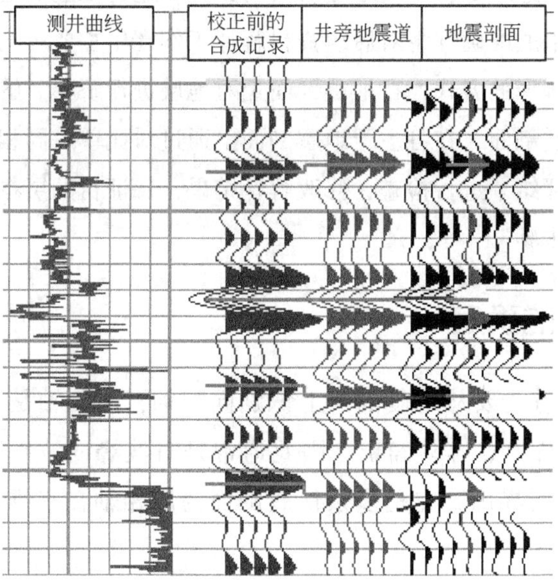

(b) 井旁地震道与校正前的合成记录对比

图 4.4　井震层位标定示意图

彩图 4.4

需考虑以下几方面因素的影响以确保井震标定的合理性：地震资料极性的判别、测井资料的整理和预处理、井震资料跨尺度匹配、精确时深关系校正、高精度地震子波提取、基于地震旅行时与波形特征高精度匹配的合成地震记录反复标定过程。

4.3.2 地震测井法

地震测井主要包括普通的地震速度测井和 VSP 测井，两种方法都能够获得速度从而得到时深关系。其中 VSP 测井也是近十几年发展的非常成熟而且有效的方法。理论上，VSP 测井在各种层位标定方法中最精确。

4.3.3 标定评价

在井震层位标定中，通常采用合成记录和井旁地震道的相关系数（数值范围在 0~100%）来评价标定效果，相关系数越大说明相关性越好。一般目的层段的相关系数达到 80% 以上就可以满足要求。

4.4 地震层位追踪对比

通过层位追踪对比可以了解到地下界面的起伏变化以及地下结构，从而帮助对油气等资源进行准确地定位和勘探。层位追踪是对不同地层之间的分界面进行位置确定，是地震资料解释中的基础性工作，追踪结果的准确性将对后续资料解释工作产生重要影响。

层位追踪对比是通过人工解释的方式，在地震剖面上对地层进行解释。解释人员将三维地震体分为横、纵多个主干地震剖面，在各主干地震剖面上通过对比单一同相轴或波组、波系进行解释，之后对各剖面解释结果进行检查，修改解释结果，保证目的层在三维地震数据体上是闭合的。下面介绍具体步骤。

4.4.1 地震反射标志层的确定

地震反射标志层的确定，首先要从地震剖面上识别同相轴，同相轴是地震剖面上反射波的相同相位的连接线，因峰值点容易确定，因此通常是对波峰或波谷进行同相轴对比。在此基础上，识别地震反射界面，它是多条地震剖面的同相轴在三维空间上构成的一个几何面。

地震反射标志层是指波形特征突出、稳定且分布广泛的同相轴或波组。因其易于识别和对比，因此地震解释首先要从标志层开始，在断裂发育区尤其如此。需要注意的是，重大的地质界面可以是标志层,也可以不是。例如基底的意义重大,但某些情况下反射特征并不明显,难以识别。

4.4.2 单一同相轴对比

在单一同相轴对比时,需要考虑极性相同、波形相似原则。极性相同是指同相轴具有线状延伸特征,相邻道的同相轴或为波峰或为波谷,应为一连续的曲线,相邻界面的同相轴应大体平行。波形相似是指相邻道同相轴的振幅、频率等波形特征相似,横向上为逐渐变化,横向连续性好。

4.4.3 根据波组或波系进行地震反射界面对比

波组是相邻若干个有一定特征且横向稳定的同相轴的组合。一般由一两个强振幅与若干弱振幅波组成。波系是相邻若干个有一定特征且横向稳定波组的组合。当存在断层时,除了个别特别典型的标志层外,往往难以直接根据波形特征进行单一同相轴的对比,这时要考虑根据波组或波系对比。

4.4.4 不整合面的包络面对比

角度不整合面下伏地层的波阻抗通常横向变化较大,而上覆层波阻抗横向变化相对较小,所以不整合界面的波阻抗差横向上不仅有大小的变化,而且有正负的变化,因此反射振幅既有强度的变化,也有极性的变化,这使得角度不整合面的反射波特征很不稳定。当进行同相轴对比时,往往很困难。这时应当根据地震反射波的包络线或包络面进行对比。包络面是一个沿其上下地层产状存在最显著区别的几何面,其极性和波形特征横向可以有巨大不同,即所谓的"窜相位"。此时,单一同相轴对比的原则不再适用。

在对比基底界面时,根据反射波的包络线进行对比是常用的方法。因为基底反射波在埋深较大的情况下,振幅一般较弱,对比时要注意沉积岩盖层与基底在宏观反射特征上的差别。

对于地震剖面上沉积旋回的识别和旋回界面的对比,应根据地震剖面上的振幅和频率特征识别沉积旋回,或者基于时频分析反映的旋回特征识别沉积旋回。

4.4.5 通过闭合检查地震反射界面对比的合理性

地震剖面对比解释时,一般是从进行了层位标定的控制井点出发做十字剖面的解释(虚线),然后扩展解释到田字形网格的剖面上(粗线),如图4.5所示。对交点处相交测线上拾取层位的双程反射时间值进行检查,其差值称为闭合差。若在一个环形回路中有较大的闭合差,则称同相轴不闭合,这说明对比解释有误,这时必须做全面检查,找出问题并进行修改,直至闭合差均小于规定的标准。然后逐步加密测线形成新的闭合回路进行解释,每加密一次结束后,又要进行新闭合点的闭合差检查,确保解释方案正确后,再进行下一轮的加密解释。切记不要从一条基干线出发后齐头并进平推解释,这样无法及时发现错误。

此外,需要说明的是,剖面不闭合说明解释方案有误,但剖面闭合了并不一定能保证解释肯定正确。剖面闭合只说明地震界面从几何学角度上是没有误差了,但其地质意义是否正确则还要通过对界面的地质特征综合分析才能判定。因此剖面闭合是地质解释正确的必要条件,而不是充分条件。

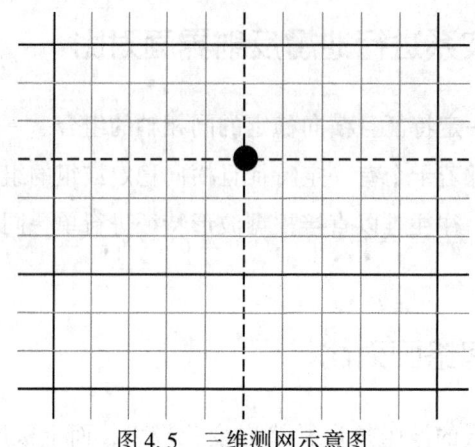

图 4.5　三维测网示意图

4.5　断层解释

断层对油气的运移、聚集或破坏起着十分重要的控制作用,与油气成藏的形成、分布、富集有着非常密切的关系。正确解释和分析断层是地震资料解释的重要内容。

常规断层识别方法包括地震剖面识别与井断点识别。基于地震属性的断层识别方法,包括一些对断层较为敏感的沿层属性或体属性,如相干属性、方差属性、曲率属性等。目前较为常用的断层识别技术有剖面识别、相干体技术、蚂蚁追踪技术等。

一般情况下,地层发生变化尤其是存在断层时,反射波同相轴特征也会对应的变化,主要表现为地震波同相轴发生畸变,具体特征有整个波组错断、波组数目增减、同相轴扭曲或小错断、断距有序变化。但断层在时间剖面上的显示特征是多种多样的,随着断层断距从大到小的变化,可识别的依据逐渐减少,难度也相应增加。可利用地震信号相干值的变化来描述地层、岩性等的横向非均匀性,进而研究断层和微断裂的空间分布、地质构造异常及岩性的整体空间展布特征。

4.5.1 基本概念

断层：岩层受力发生断裂，沿断裂面两侧岩块发生了显著相对位移的构造。

断点：沿某个有形或无形的面，两侧同相轴突然中断的点。

断层面：在地层中的断层面指断层的断裂滑动面，而在地震剖面上所说的断层面则是指断点的连线，它一般是个假想面，只在断面很缓时才会形成断面反射波。

断距：断层两盘岩体沿断层面发生相对滑动的距离。断距的大小是衡量断层规模的重要标志。

断层尖灭点：在剖面或平面上断距减小为零的点。

4.5.2 断层在地震剖面上的识别标志

断层按照规模分为大断层、中断层、小断层，断层判别主要依据地震波组错断、倾角变化、地层薄厚变化。对大断层、中断层、小断层、边界大断层、同生断层、缓断层面识别标志如下：

大断层：同相轴错断明显，地层倾角变化大，地层薄厚差异大。

中断层：同相轴错断，波组或波系错断，倾角变化较小，地层薄厚差异较小。

小断层：同相轴错断很小或未错断，倾角变化不大，上下盘薄厚差异很小，即"层断轴不断"。

边界大断层：地层产状突变，地震相特征突变，反射零乱或出现空白带。

同生断层：两盘同相轴数目突然增减或消失。

缓断层面：断面波。

特殊波的出现也是识别断层的重要标志，在反射层错断处，往往伴随出现断面波、绕射波等。

4.6 相干体计算

4.6.1 基本概念和原理

相干体技术是利用地震信号相干值的变化来描述地层、岩性等的横向非均匀性，进而研究断层和微断裂的空间分布、地质构造异常及岩性的整体空间展布特征。其基本原理是在三维数据体中，求每一道每一样点处小时窗内分析点所在道与相邻道波形的相似性,形成一个表征相干性的三维数据体,即计算时窗内的数据相干性,把这一结果赋予时窗中心样点。

计算地震相干数据体的目的主要是对地震数据进行求同存异,以突出那些不相干的数据。通过计算纵向和横向上局部的波形相似性,可以得到三维地震相关性的估计值。在出现断层、地层岩性突变、特殊地质体的小范围内,地震道之间的波形特征发生变化,进而导致局部的道与道之间相关性的突变。

4.6.2 相干体计算技术

1. 第一代相干技术

第一代相干算法是 C1 算法,也被称为归一化互相关算法,是利用纵测线以及与之垂直的联络测线,在两条线上各取与之相邻的一点进行相关性计算,在这之后使用算数平均的方法,计算出结果,就可以得到相干体结果,如图 4.6 所示。第一代相干技术因为只使用了三道数据进行计算,所以计算效率相对较高,但对于噪声较大的数据,其抗噪能力很差。

2. 第二代相干技术

第二代相干算法简称为 C2 相干算法,通过计算分析窗口中平均道能量与所有道平均能量的比值,发展了基于相似性的相干算法。相比于第一代相干技术,第二代不再只使用三道地震道数据,而使用了多道地震数据进行计算,因此抗噪效果明显提高,但计算量增加、分辨率降低。通过选择合适的分析时窗范围,可以对指定的控制范围的地层进行准确的以及固定位置的识别。第二代相干技术示意图如图 4.7 所示。

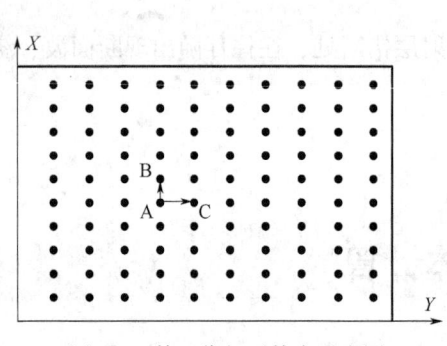

图 4.6　第一代相干技术示意图

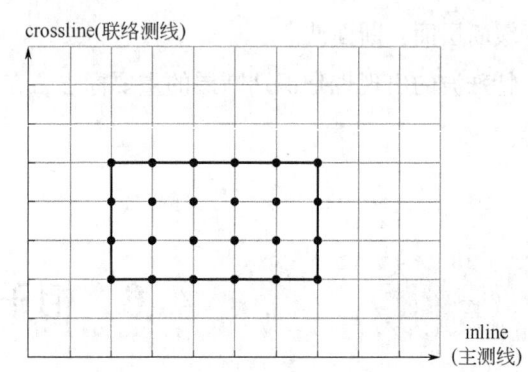

图 4.7　第二代相干技术示意图

3. 第三代相干技术

第三代相干算法即特征值算法,简称为 C3 方法,是基于由地震数据形成的协方差矩阵特征结构,通过计算协方差矩阵的特征值,进而计算第一个特征值与所有特征值之和的比值来衡量相干性。第三代相干技术结果相对稳定,但在倾角较大的数据上存在不足。

4. 基于小波变换的多尺度相干体分析技术

该技术利用小波域分频方法计算地震数据各个频带内的瞬时特征参数,然后用互相关算法计算各个频带内的地震相干数据体,最后通过重构系数,对一定频带内的相干体放大或缩小主要突出特定频段的相干体,分频重构的相干体易于突出被忽略的小断层信息。

4.6.3 典型相干体切片上的断层解释

如图 4.8 所示,相干体通常采用黑白灰度显示,白色代表同相轴横向一致性强,黑色代表没有一致性,灰度代表介于二者之间。连续且沉积稳定的地层横向一致性强,偏白色。断点处的横向一致性差,偏黑色。黑色的线形影像是断层的识别标志。地震资料的品质和沉积特征都会对横向一致性产生影响,对灰度不强且横向线形分布特征不强的响应一定要加强综合分析,并采用平面和剖面结合的方法进行断层解释。

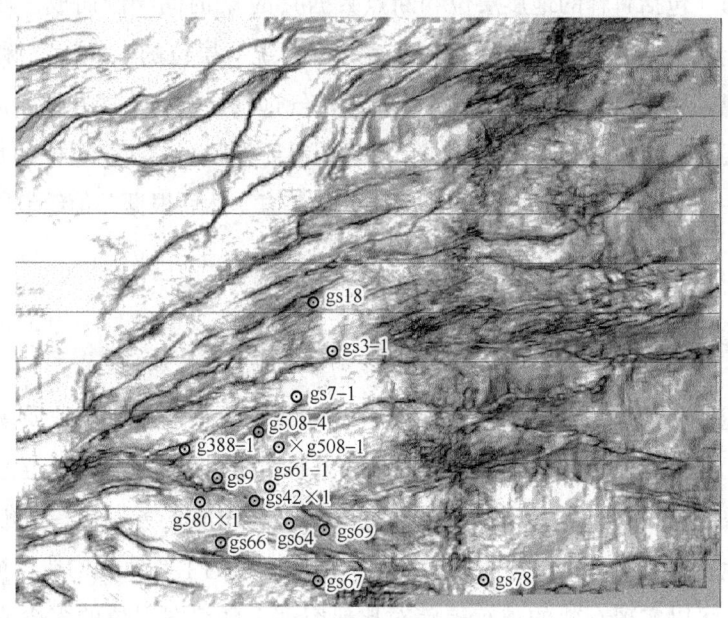

图 4.8 相干体切片示意图

4.6.4 相干体切片与振幅体水平切片上的断层识别和对比

相干体与振幅体的比较:在相干体上断层响应更加清楚;在振幅体上断层也有很好的地震响应,其优势在于能揭示断块内部的地质特征。

水平切片上的断层识别标志:波组或同相轴的中断和错开;同相轴扭动,相邻两组同相轴走向有显著变化;相邻两侧波组的波形突变(振幅和视周期),反映相邻断块的地层产状和岩性组合特征突变,但此时要注意区分断层与地层超覆尖灭。平面和剖面结合识别断层是最佳方法。

4.7 地震构造图绘制与解释

地震构造图是以地震资料为依据做出的平面图件,并通过等值线(等深线、等时线)以及一些符号(如断层、超覆、尖灭等)直观地表示地层的地质构造形态和展布特征,是地震勘探的最终成果之一,也是提供油气钻探井位的主要参考资料。

4.7.1 地震构造图的种类

根据等值线参数不同,地震构造图分为等 t_0 构造图和等深度构造图。等 t_0 构造图是利用解释好的数据(包括解释的地震层位和断点数据)的 t_0 时间绘制而成,反映了地下地质构造的空间变化形态。等深度构造图是利用解释好的统一层位的 t_0 时间,利用探区内的平均速度关系实现时深转换,并绘制而成,用于含油气远景评价和钻探井位的部署等。等厚图表示两个地震层位之间的沉积厚度图,在作等厚图时要把解释的两个层位的真深度构造图叠合在一起,在一系列等值线交点上计算它们的深度差值,然后根据差值绘制等值线,形成最终的等厚图。

4.7.2 地震构造图绘制步骤与方法

(1)资料检查:标准层地质属性的可靠性;断层、尖灭、超覆等地质现象的解释是否合理;层位有无穿相位现象;相邻剖面解释有无矛盾;闭合差是否小于等值线距的一半等。

(2)构造图层位的选择:紧密围绕油气勘探的主要地质任务,选择能够严格控制含油气地层特征的地质构造层位;层位能够代表某一地质时代的主要地质构造特征;具有良好的地震反射特征,可以实现有效的连续追踪对比研究,工区编图层位的多少应由工区分层情况、地震界面分布情况以及地震勘探的地质任务来确定。

(3)确定构造成图的精度:构造图的精度反映在作图比例尺和等值线距的大小上,比例尺越大,反映的构造图越精细。作图时选择的比例尺应该根据测线的疏密、地质任务的要求、地质情况的复杂程度、资料品质的好坏等因素进行综合考虑。

(4)等值线距的选择:应最大限度地反映构造的详细程度,并考虑到图面的清晰准确,同时还要考虑到资料的品质和地层倾角的陡缓。通常,当资料品质良好时,线距可选小些;当资料品质较差时,线距可选大些;当地层倾角比较平缓时,线距可选小些。图 4.9 显示了不同等深线距的构造图,可见距离越小,反映的构造细节越多。

为了便于对最终构造图的分析、对比和解释,提交的构造图必须具有统一的规格和要

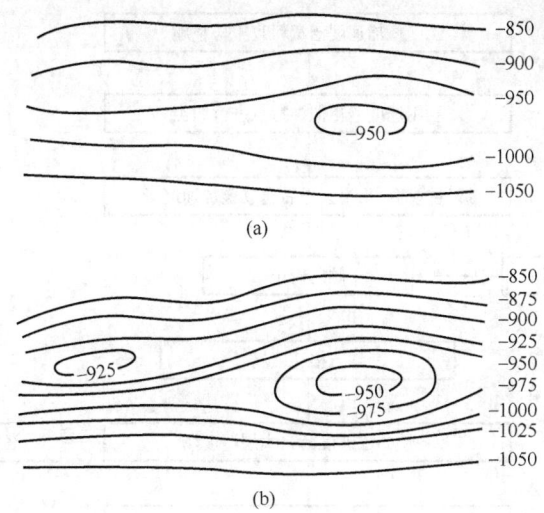

图 4.9 50m 等深线距（a）和 25m 等深线距（b）的构造图（单位：m）

求。具体包括以下内容：

（1）图名、比例尺、图例及说明、制图单位、制图时间等要求齐全。

（2）构造图四边的经纬度、图中钻井井位、重要地物等要标注齐全。

（3）对于二维探区要标明测线号、测线端点、交点、转折点的桩号新老测线要用不同的颜色或符号区分开。

（4）标明断裂系统的各个断层名称、断层的升降盘方向、断点的落差、尖灭、超覆点的位置等。

（5）为使构造图醒目明了、读图方便，要求等值线每隔若干条加粗一条。

4.7.3 速度建场

在实现时深转换时，如果不考虑速度的空间变化则称为常速构造成图。在构造复杂或速度空间变化剧烈的地区，为了提高复杂地区构造成图的精度，变速构造成图方法应运而生。变速构造成图的关键是建立空间速度场并获取层速度和平均速度场。图 4.10 为变速构造成图流程图。

4.7.4 地震构造图的解释

地震构造图解释的要点为：

（1）构造图上等深线的延伸方向就是界面的走向，垂直走向由浅到深的方向则是界面的倾向。

（2）等深线之间的相对疏密程度标志着界面倾角的大小，相邻等深线距较密，则反映界面真倾角较大；而相邻等深线距较稀则说明界面真倾角较小。

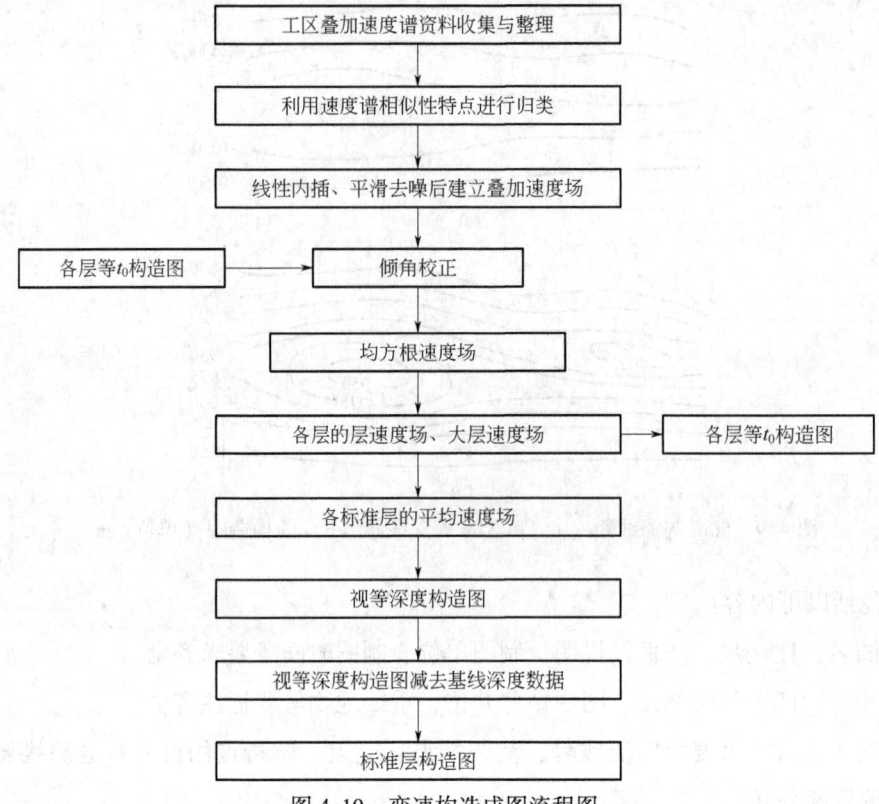

图 4.10 变速构造成图流程图

（3）在构造图上，倾没的背斜或向斜表现为环状圈闭的等深线。若深度小的等深线位于环状圈闭的中心，则为背斜构造。若深度大的等深线位于环状圈闭的中心，则为向斜构造，且最外一根等深线圈出构造的闭合面积。

（4）三面下倾一面敞开的等深线代表了鼻状构造的特征。

（5）单斜则表现为一系列近于平行的直线，等深线由高到低的方向为单斜的倾向。

（6）构造等深线不连续的部位是断层的反映，并且可以从构造等深线间的关系和断层两盘投影之间的关系来分析断层的性质。

4.8 地震属性

4.8.1 基本概念

地震属性是指从叠前和叠后地震数据中提取出来的运动学、动力学和统计学地震特殊测量值，过去的文献常称为地震属性参数，现在已统称为地震属性。

地震属性分析技术是指提取、显示、分析和评价地震属性的技术，在油气地震勘探中包括地震属性的提取、地震属性的分析、利用地震属性区分构造和岩性并进行目的层预测等。

4.8.2 属性分类及意义

目前一般将地震属性分为振幅统计类、复数道统计类、频谱统计类、层序统计类及相关统计类。根据拾取方式不同还可以分类为沿层属性、体属性等。

振幅统计类属性：反映流体的变化、岩性的变化、储层孔隙度的变化、河流三角洲砂体、某种类型的礁体、不整合面、地层调协效应和地层层序变化，反映反射波强弱。用于地层岩性相变分析，计算薄砂层厚度，识别亮点、暗点，指示烃类显示，识别火成岩等特殊岩性。属性包括均方根振幅、最大波峰振幅、平均波峰振幅、最大波谷振幅、平均波谷振幅、平均能量、总能量、平均振幅等。

复数道统计类属性：有助于分析气体、流体的特征、岩性、河道与三角洲砂岩、礁体、不整合面、地层序列、裂缝、调协效应。属性包括反射强度、瞬时振幅、瞬时频率、瞬时相位、反射强度的斜率、瞬时频率的斜率等。

频谱统计类属性：可揭示裂缝发育带、含气吸收区、调协效应、岩性或吸收引起的子波变化。属性包括有效带宽、弧长、过零值平均频数、峰值谱频率等。

层序统计类属性：用来帮助表征层序特征，主要指能量变化、极性对比和振幅临界分析，用来识别地层岩性变化、含油气性，刻画层序地层特征，突出某种振幅异常。

相关统计类属性：用来定量描述道与道之间的相似性，帮助识别断层、数据品质、杂乱反射等。

沿层属性：沿目的层段开一时窗，对窗内的记录作自相关、功率谱、傅里叶谱、自回归及其他统计特征分析，提供了在地质分界面上或分界面之间的地震属性的变化信息。沿层属性可以揭示细小断层、地层学特征等，且可以较为直观地展示目的层的构造分布。属性包括沿层或层间瞬时属性、单道时窗的沿层或层间属性、多道时窗的沿层或层间属性等。

体属性：以地震数据体为基础，可以用来研究储层的各向异性特征，从而识别储层的裂隙或断层的分布模式，目前被广泛应用于构造识别的相干体、各种曲率体就是多道等时窗属性提取的体属性数据体。

4.8.3 地震属性提取的时窗选取原则

在地震属性计算过程中合理的时窗选择非常关键，如果时窗开得过大，可能会包含不必要的地层信息；如果开得过小，则可能出现截断现象，会丢失有效信息。

属性提取和分析过程中，主要是利用目的层单一界面或单一同相轴的地震信息，因此，应以提取目的层顶界面地震信息为主，并且时窗长度尽可能小，一般取半个或一个视周期，尽可能少包含非目的层界面信息。

地震属性提取的时窗选取原则为：

（1）能准确追踪目的层顶底界面时，用顶底界面限定时窗。

（2）只能准确追踪目的层顶界同相轴时，以顶界同相轴对应的时间值作为时窗的起点，固定时窗长度，使各地震道包含储层又尽可能少包含非储层信息。

（3）当不能准确追踪目的储层顶底界面时，可以根据以井约束进行井间插值与外推的某一标准层来开时窗，也可以采用固定时窗。

（4）当目的层较薄时，地质信息基本上集中反映在目的层顶界面的地震响应中，时窗的选取应以目的层顶界作为时窗上限向下开时窗。

5 地震资料解释实习上机操作

本章主要介绍利用 GeoEast 软件系统进行地震资料解释实习的上机操作，解释所需数据为测网数据、地震数据、速度谱数据和井数据等。

5.1 地震资料解释软件介绍及数据准备

5.1.1 地震资料解释软件介绍及界面简介

经过近二十年的发展，GeoEast 软件解释系统已具备完善的数据预处理、层位标定与追踪、构造和异常体解释、三维可视化处理与建模、属性提取以及叠前和叠后反演等功能，是集构造解释、储层预测和油气检测于一体的综合地震资料解释系统，具有完备的时深域、二维和三维多工区联合乃至盆地级的解释能力，形成了高效精细构造解释、储层预测、油气检测、三维可视化地质体检测等技术系列。

GeoEast4.0 软件系统的常规解释子系统主要包括：井数据预处理、测井资料解释与地震标定、多井地层对比、二维工区地震解释、三维工区地震解释、组合工区地震解释、速度分析与建场、地震目标处理、三维可视化体解释、二维地震属性提取与分析、三维地震属性提取与分析、地震资料反演、二维反演建模、三维反演建模、叠前层位拾取、神经网络反演、叠前弹性参数反演等模块。工作界面主要可分为系统主菜单、工具条、主数据区、进程管理区和数据信息显示区等，如图 5.1 所示。

5.1.2 数据准备

本次实习需要工区测网数据、叠后地震数据、速度谱数据和井数据，具体如下：

工区测网数据：survey.dat。

叠后地震数据：mig.sgy。

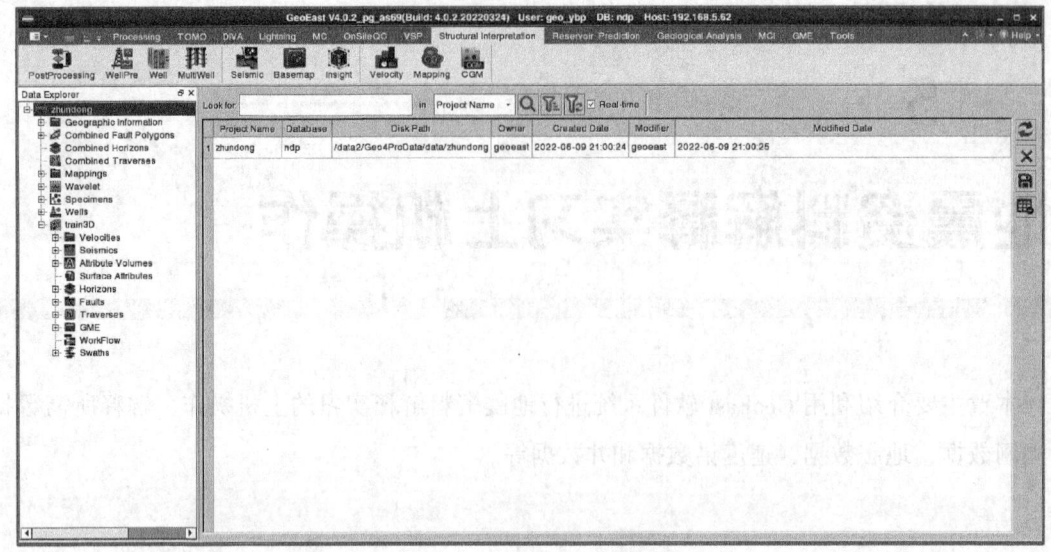

图 5.1　GeoEast4.0 构造解释系统工作界面

速度谱数据：TV.dat。

井数据：井位数据 well_loc.dat、井曲线 well.las、分层数据 well_tops.dat、岩性数据 allwell_liths.dat。

5.2　工区建立及数据加载

5.2.1　三维工区的建立

在主控数据树项目节点下，鼠标右击选择 New 3D Survey，弹出新建三维地震工区的对话框。对话框由 General 和 Range 两页组成，General 界面需要输入工区名字和地震数据基准面（Datum），如图 5.2 所示。Range 界面参数既可以在工区创建时输入对应的坐标、线号和道号，也可以缺省在后续添加测网文件，点击 OK 完成。

在主控数据树点击新建的工区 train3D，鼠标右击后选择 Import，点击 Grid。选择 survey.dat 测网文件，设置文件格式 Survey3D，依次点击 Next 和 Import，如图 5.3 所示。

在主控数据树点击新建的工区 train3D，然后点击工具栏的 GeoBasemap，即可在底图中查看三维测网，如图 5.4 所示。

5.2.2　地震数据加载与显示

二维和三维地震数据的加载方法基本一致，在主控数据树点击工区 train3D，鼠标右击

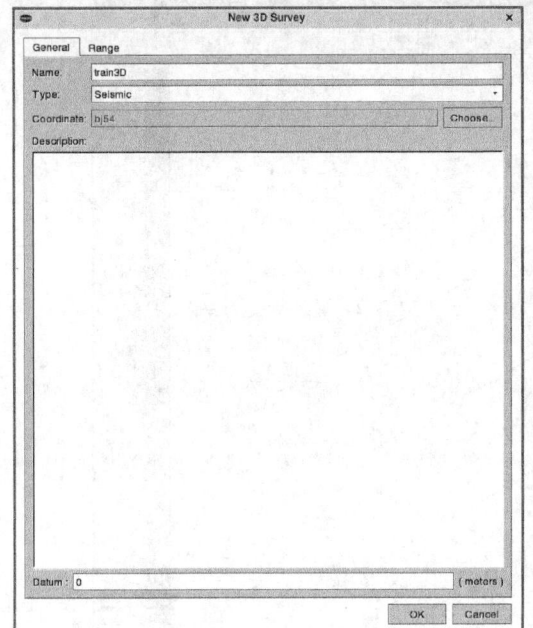 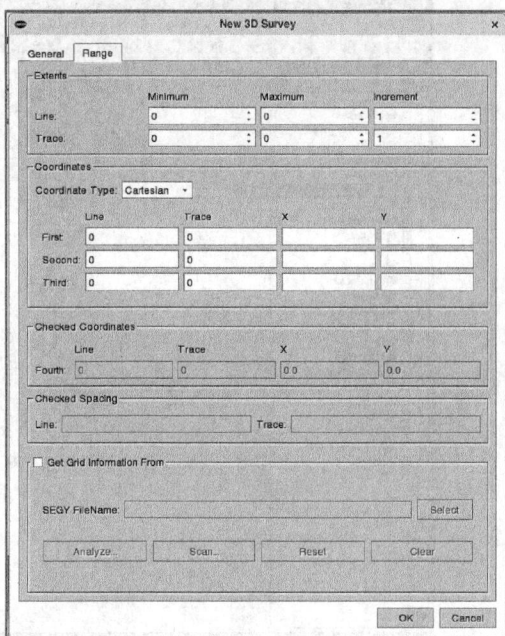

图 5.2 新建三维工区

图 5.3 加载三维测网文件

后选择 Import，点击 Seismic，选择 mig. sgy 数据，点击 Analyze 按钮可以查看 sgy 数据道头信息。依次点击 Next，在设置道头信息（"Set trace header information"界面）时，注意线号、道号、X 坐标和 Y 坐标参数填写要与 sgy 数据记录位置一致，最后点击 Import 完成，如图 5.5 所示。

在主控数据树选中加载的地震数据 mig，鼠标右击选择 Create Slice Cube，点击 OK，完成切片体的创建，如图 5.6 所示。

— 95 —

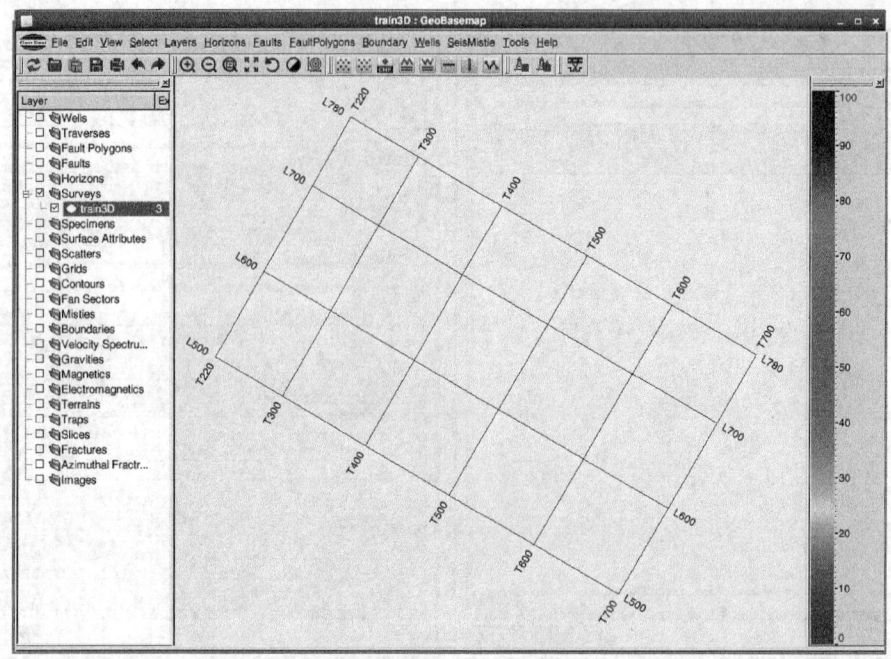

图 5.4 底图查看三维测网

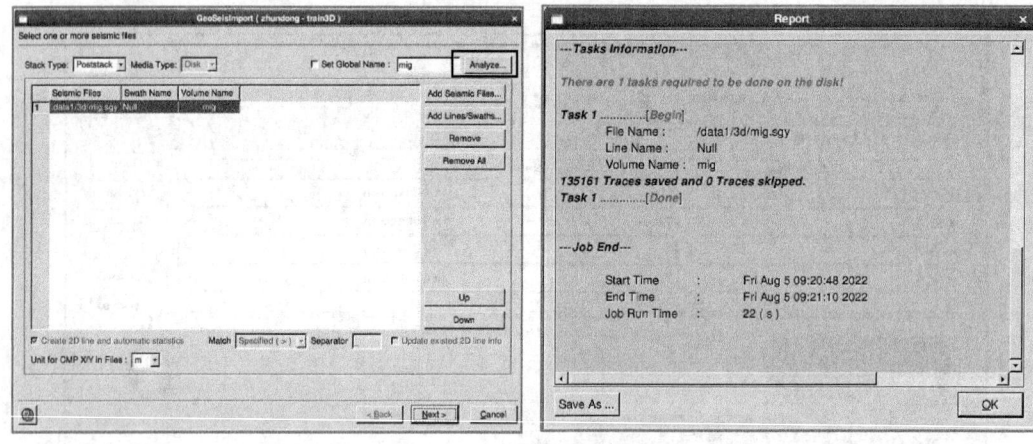

图 5.5 地震数据的加载

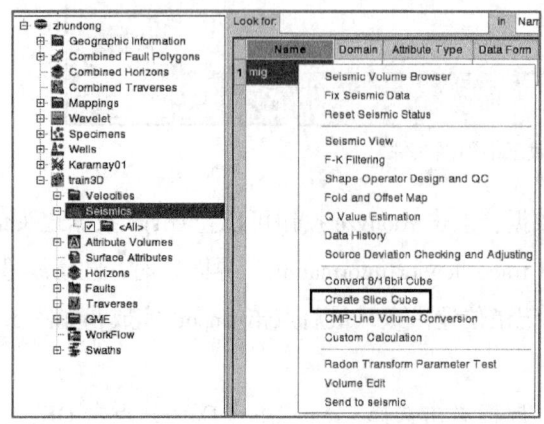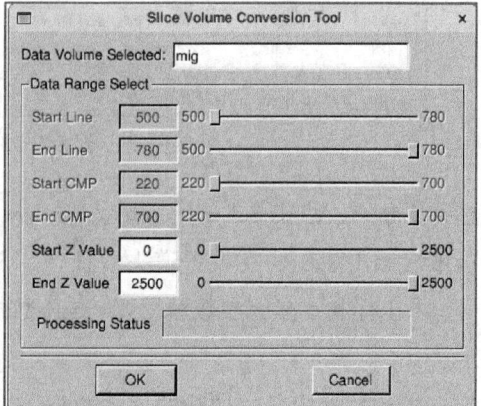

图 5.6 创建地震数据切片体

点击菜单 Structural Interpretation 下的 Seismic，进行地震数据剖面的显示，如图 5.7 所示。

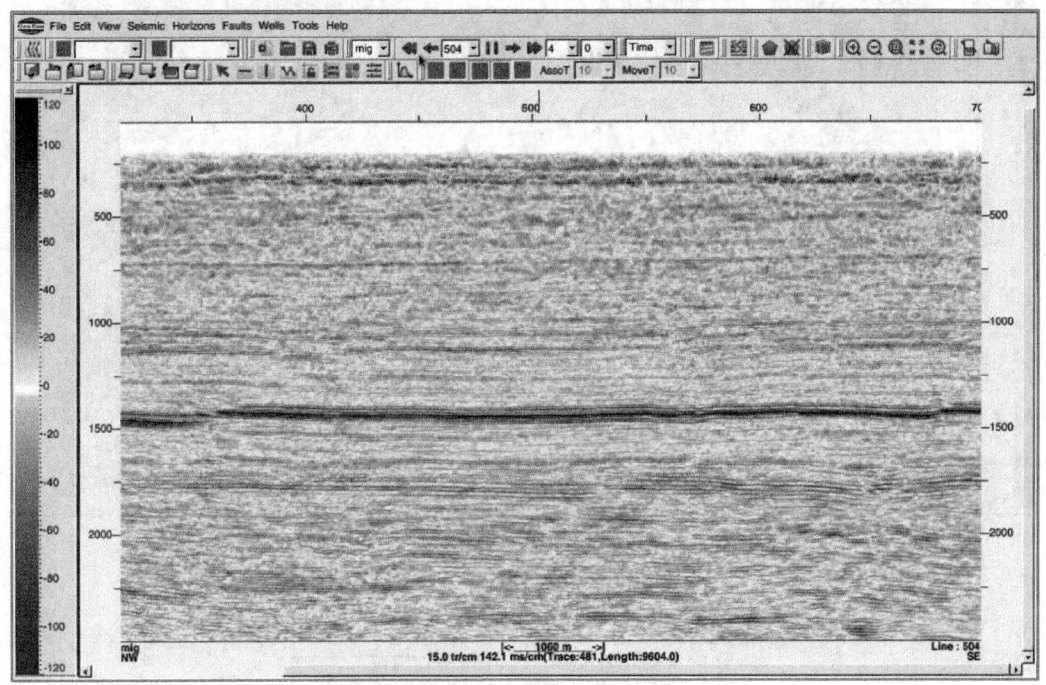

图 5.7　地震数据剖面显示

点击 Seismic 菜单下 Select Seismic Data 选项，在 Section Type 选择 Slice，设置 Time 后点击 OK，如图 5.8 所示。地震数据时间切片如图 5.9 所示。

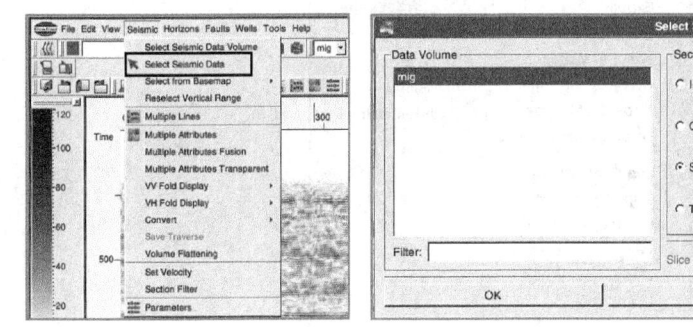

图 5.8　地震数据时间切片设置

5.2.3　井数据加载

井数据加载包括井位、测井曲线、井轨迹、井分层、岩性以及油气水信息等。在项目下选择 Wells，鼠标右击后选择 Import，依次加载井位信息、测井曲线、井轨迹、井分层、岩性以及油气水，如图 5.10 所示。

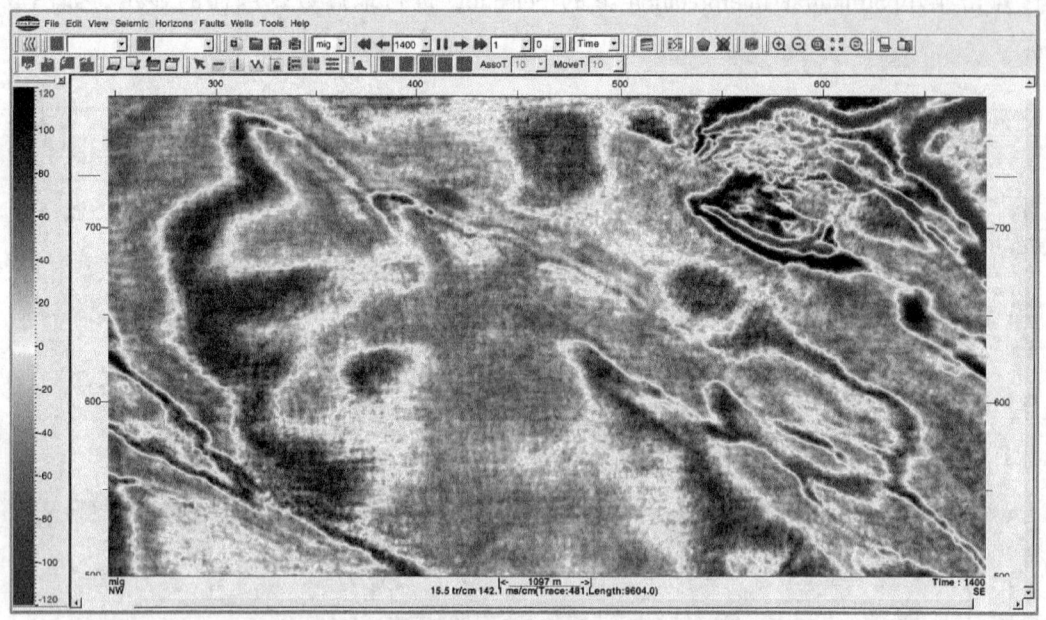

图 5.9 地震数据时间切片显示

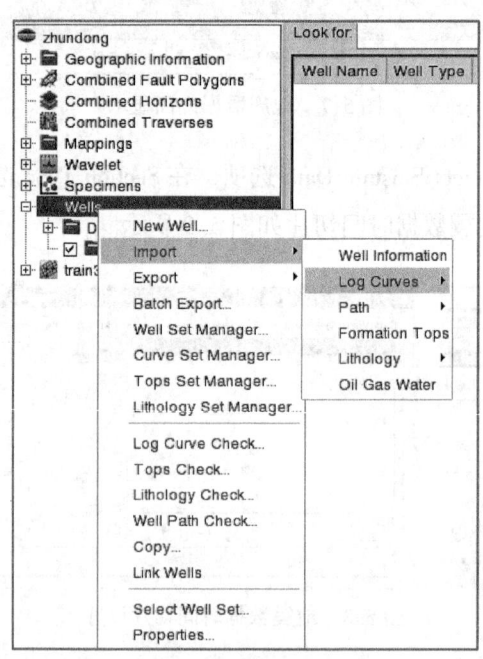

图 5.10 井数据的加载

1. 井位信息（well information）的加载

在 GeoEast 主控界面的数据管理树上点击 Wells 数据节点，鼠标右击后选择 Import 下的 Well Information，启动井位信息输入对话框。在井位信息输入对话框点击 Add Files 按钮，选择 well_loc.dat 文件，点击 Next 设置对应的数据格式，最后点击 Import 完成，如图 5.11 所示。

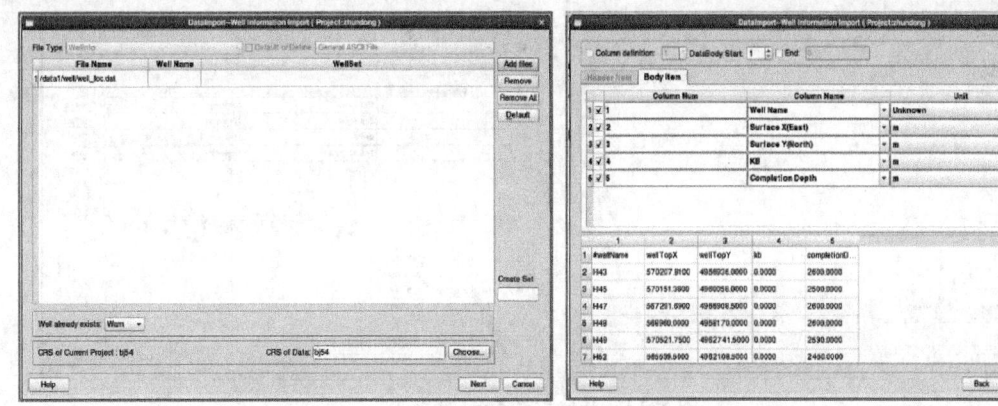

图 5.11 井位信息的加载

2. 测井曲线（Log Curves）的加载

GeoEast 测井曲线主要有 General ASCII File 和 LAS Format File 两种格式，本实习主要练习 LAS Format File 格式。LAS 格式井曲线可以批量加载，一次加载的文件数量不限。

在 GeoEast 主控界面的数据管理树上点击 Wells 数据节点，鼠标右击后选择 Import→Log Curves→LAS Format File，打开 LAS 格式井曲线输入对话框。选择 LAS 格式曲线，点击 Next，选择所有的曲线，点击 Import 完成，如图 5.12 所示。

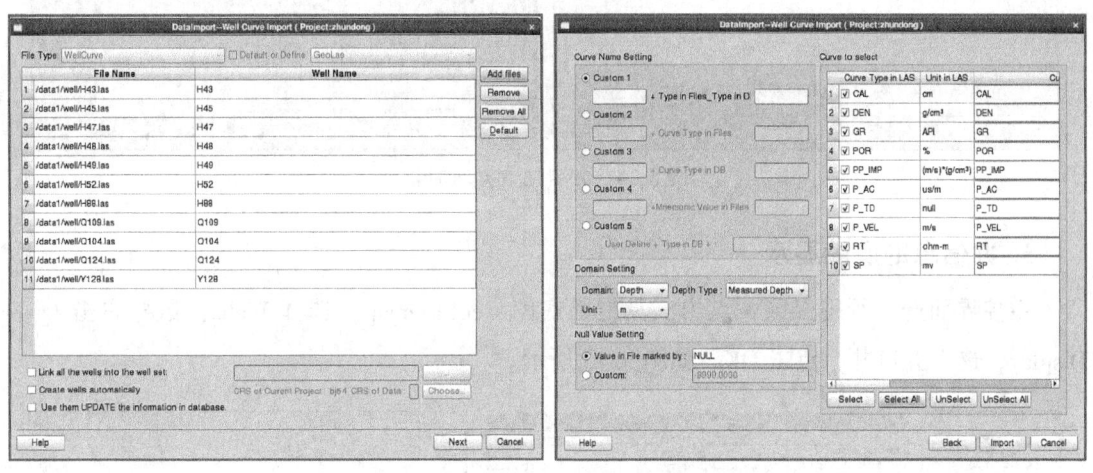

图 5.12 测井曲线 LAS 格式输入

3. 井分层数据的加载

在 GeoEast 主控界面的数据管理树上选中 Wells 数据节点，鼠标右击后选择 Import→Fomation Tops，选择 allwell_tops.dat 文件，点击 Next，设置对应的数据格式，点击 Import 完成，如图 5.13 所示。

4. 井岩性数据的加载

在 GeoEast 主控界面的数据管理树上选中 Wells 数据节点或某口井，鼠标右击后选择

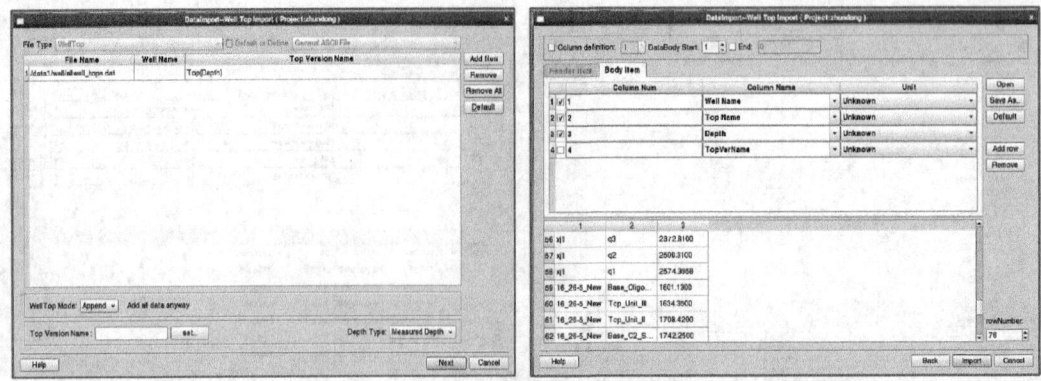

图 5.13　井分层数据的加载

Import→Lithology→General ASCII File，选择 allwell_liths.dat 文件，打开岩性数据输入对话框，点击 Next，选择对应的数据格式，点击 Import 完成，如图 5.14 所示。

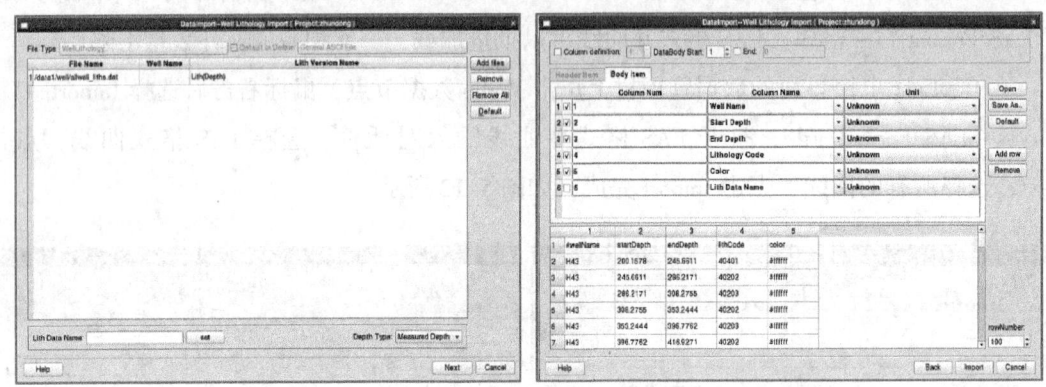

图 5.14　井岩性数据的加载

5. 井信息的底图显示

主控界面选中所用工区，点击工具栏的底图 GeoBasemap，选择 Wells，鼠标右击 Layer Display，选中五口井，点击 OK，如图 5.15 所示。

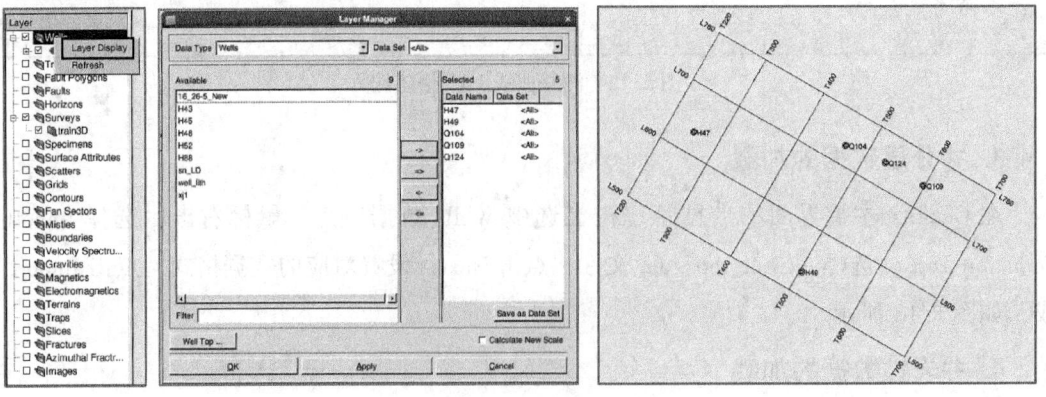

图 5.15　井信息的底图显示

5.3 地震子波生成与提取

点击 GeoEast 主控界面的 Structural Interpretation 菜单下的 Well，启动地震地质标定子系统主界面，如图 5.16 所示。

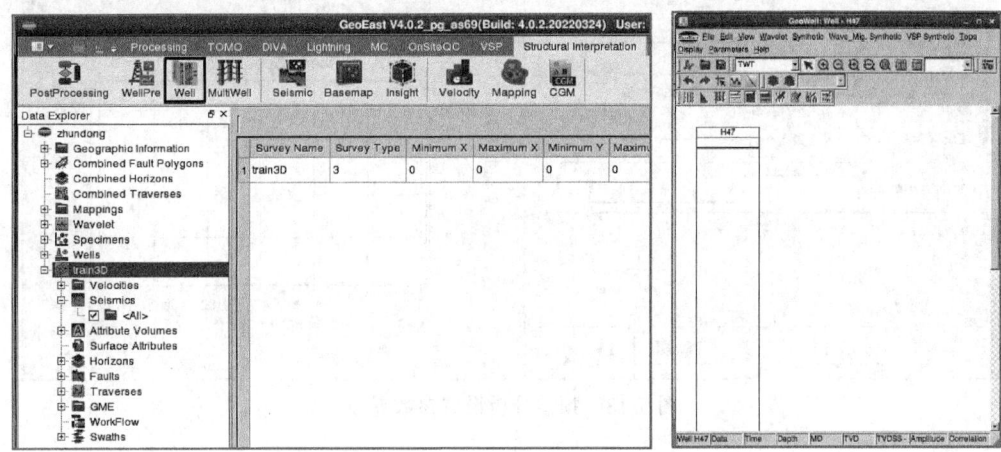

图 5.16 地震地质标定系统的启动

选择 Wavelet→Wavelet Tools，启动子波模块，如图 5.17 所示。

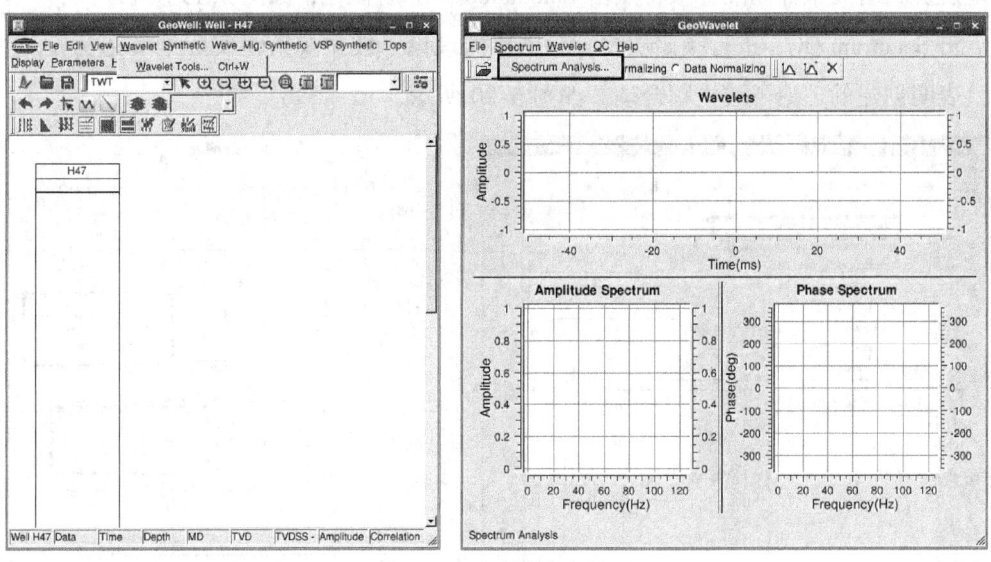

图 5.17 子波模块主界面

在图 5.17 子波模块的菜单条中选择 Spectrum→Spectrum Analysis，弹出频谱分析设置参数对话框，选择对应井附近的地震道后点击 Calculate 进行频谱分析，记下分析得到的主频

(例如 40Hz),如图 5.18 所示。

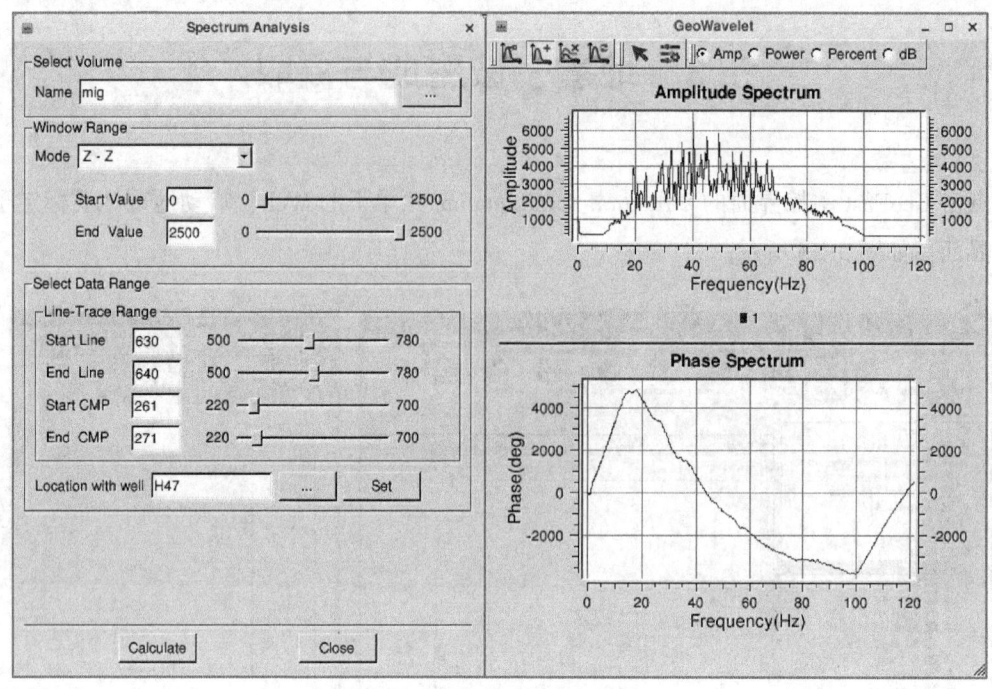

图 5.18　频谱分析设置参数界面

在 GeoWavelet 子波模块菜单条中选择 Wavelet→Create an Analysis Wavelet 打开理论子波定义界面,选择 Ricker 子波,设置主频(例如 40Hz),命名 ricker-40Hz 后,时间采样间隔要与地震资料时间采样间隔一致,点击 Calculate&Save 后保存,如图 5.19 所示。

点击 Spectrum QC,进行频谱质控,当创建的理论子波振幅谱是实际地震道振幅谱的包络时,表明创建的理论子波主频合理,如图 5.20 所示。

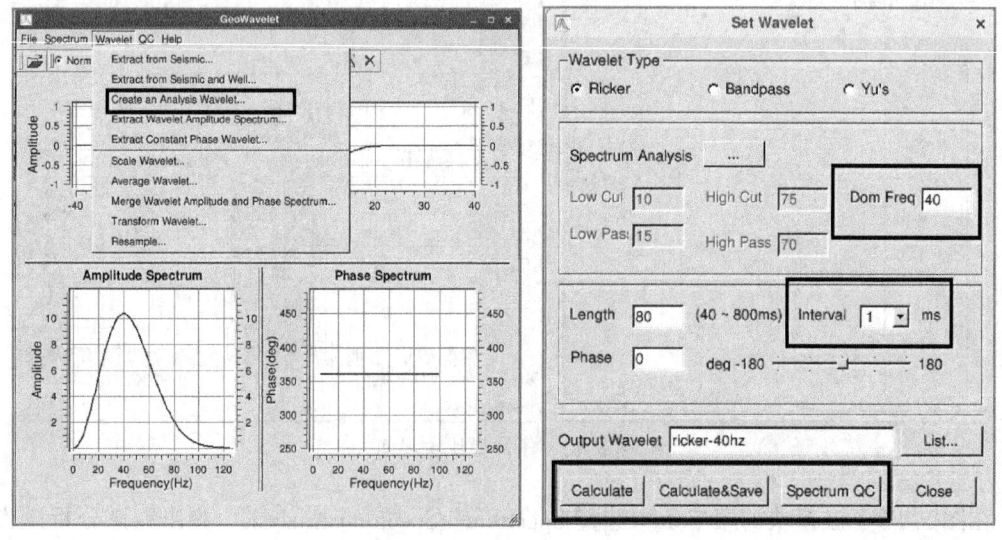

图 5.19　理论雷克子波设置界面

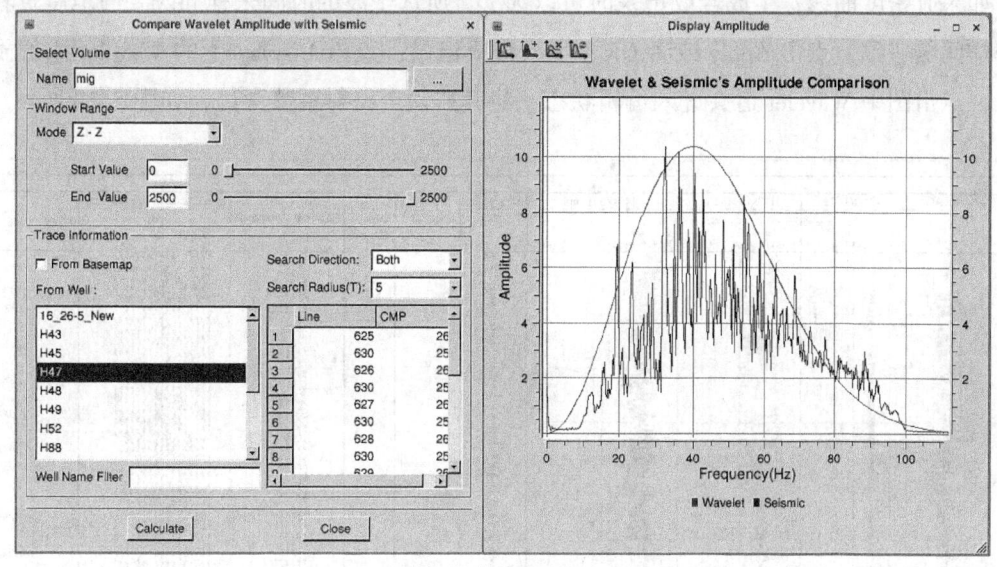

图 5.20　地震振幅谱与子波振幅谱对比显示

5.4　合成记录制作和层位标定

在 Well 主界面选择 Synthetic→Normal Synthetic，选择 AC 曲线和理论雷克子波，如图 5.21 所示。

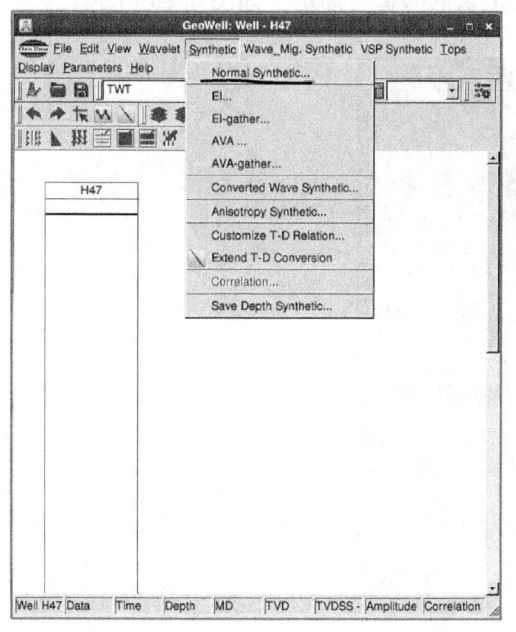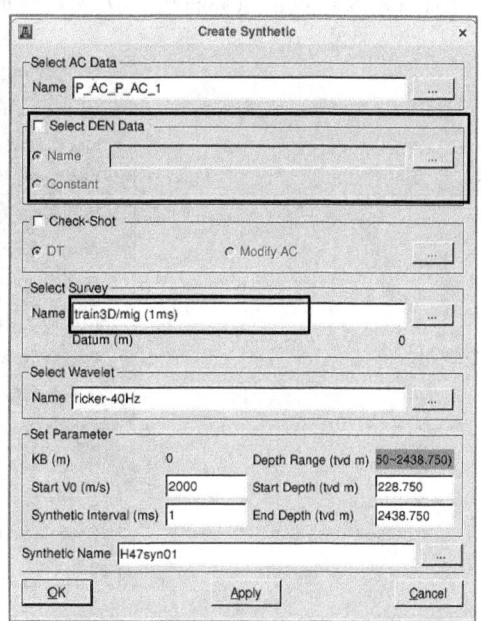

图 5.21　合成记录对话框

— 103 —

如果有密度曲线，生成合成记录时可以选上，所选子波的时间采样间隔要与地震资料时间采样间隔一致，点击 Apply 或者 OK，生成合成记录，点击 Display 下的 Wavelet 添加子波信息，点击图中 Wavelet 道头进入编辑状态，将其移动至反射系数旁边，如图 5.22 所示。

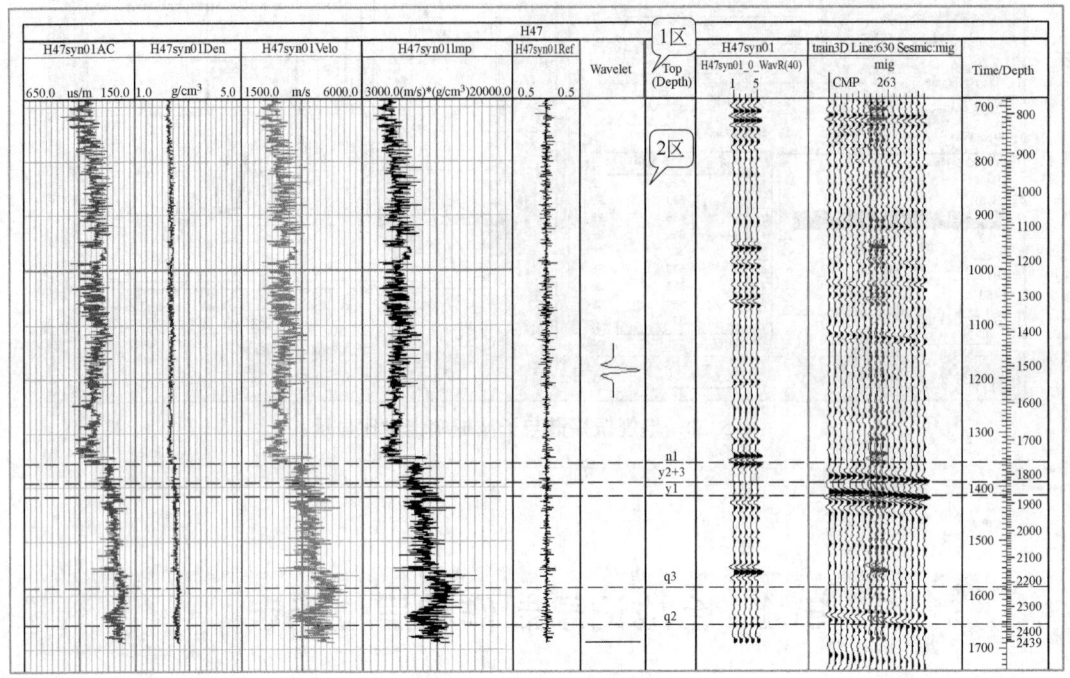

图 5.22 合成记录显示图

点击合成记录的道头进入编辑状态，在位置（1 区）点右键可以更改显示设置，在波形显示位置（2 区）点击鼠标右键，实现对合成记录的编辑与标定，如图 5.23 所示。

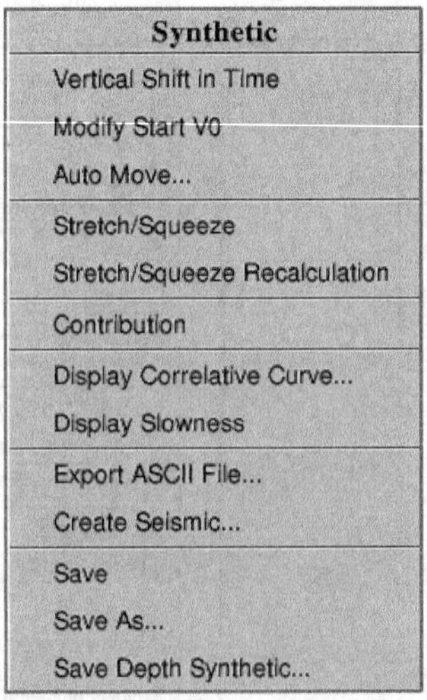

图 5.23 合成记录的编辑操作

合成记录的编辑主要分两步：（1）利用 Vertical Shift in Time/Modify Start V0/Auto Move

均是实现合成记录时间上的整体纵向移动,使标志同相轴对齐。(2)利用 Stretch/Squeeze 实现时间上的局部拉伸和压缩,需要在合成记录上确定标志层后,再拾取对比线进行拉伸或者压缩,右击 Execute,最后 save,如图 5.24 所示。

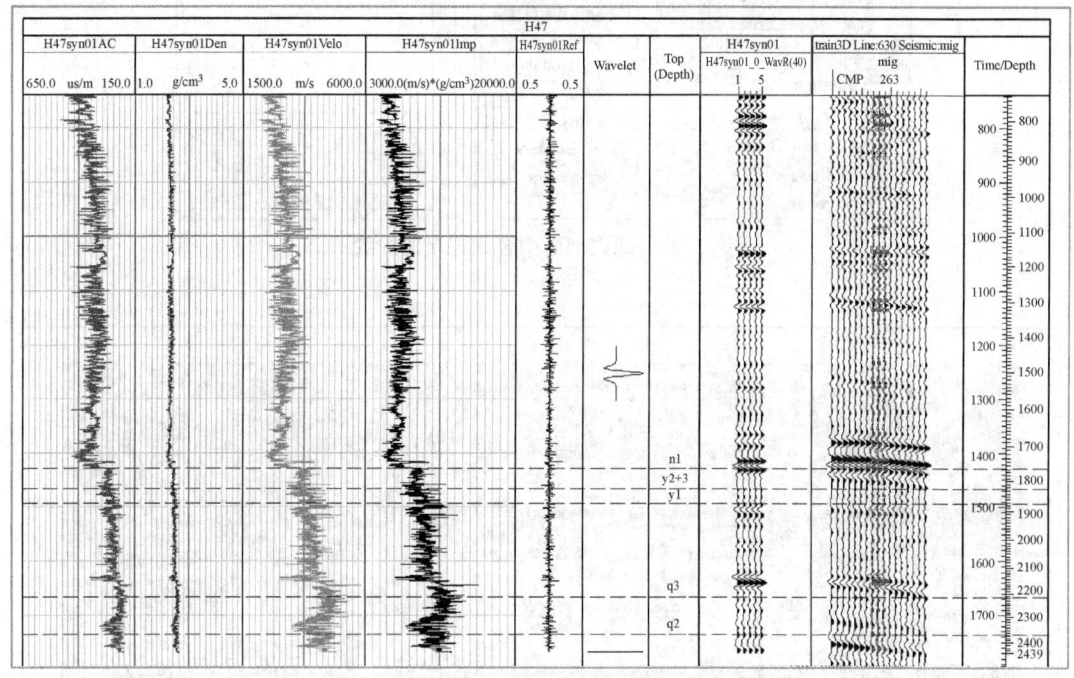

图 5.24 合成记录标定结果

标定完成后,选择 Display Correlative Curve 进行质控,设置时间范围,点击 Apply,如图 5.25 所示。

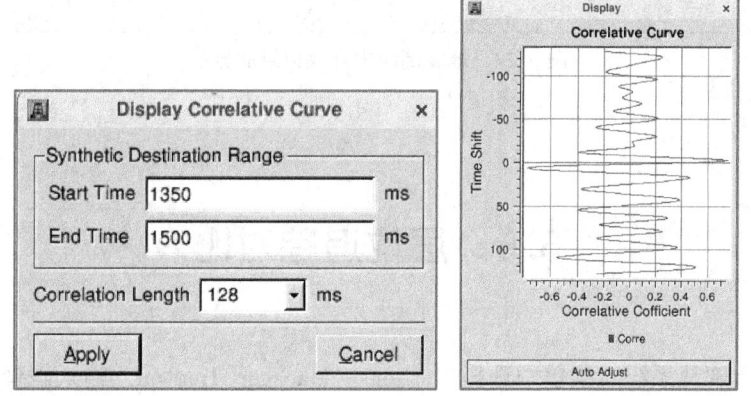

图 5.25 相关系数曲线

在常规地震解释系统菜单 Wells 下分别点击 Select Well 和 Select Tops 加载井位和分层数据,鼠标移到井轨迹线旁,井轨迹线变蓝,鼠标右击弹出 Insert Well Data,选择 Select Well Data,选择 Syn 中对应的合成记录,点击 OK 完成,如图 5.26、图 5.27 所示。

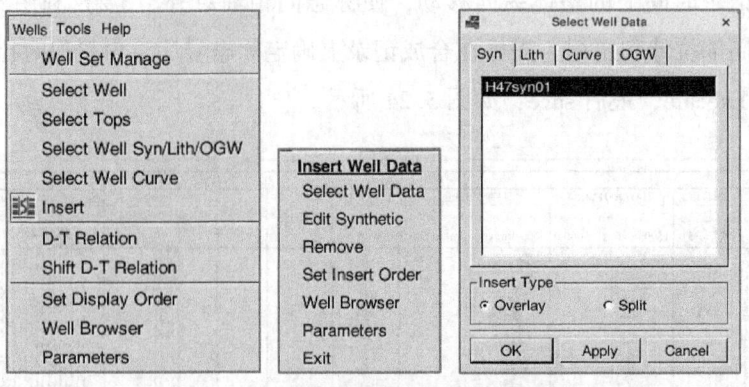

图 5.26 地震剖面中合成记录的加载

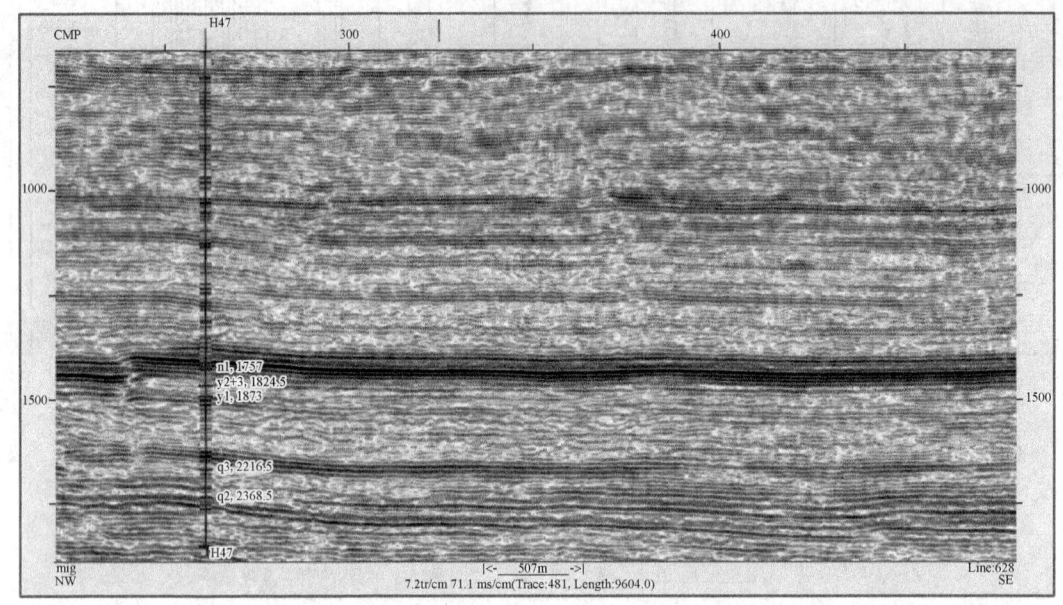

图 5.27 地震剖面中合成记录的显示

5.5 层位追踪对比

在常规构造解释系统的菜单中选择 Horizons→Manage→Horizon,输入解释层位名称,设置颜色、线型、线宽、追踪相位等,点击 Create 完成层位创建,若修改属性,则点击 Update,如图 5.28 所示。

在常规构造解释系统的菜单中选择 Horizon→Interpret,打开解释层位选择对话框,在此选择要解释的层位,如图 5.29 所示。

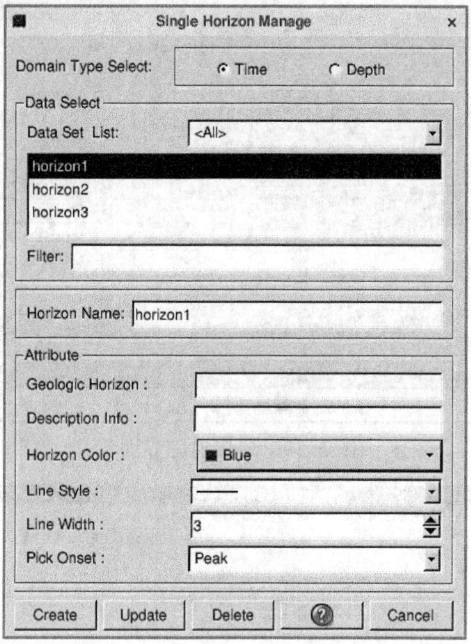

图 5.28　层位创建

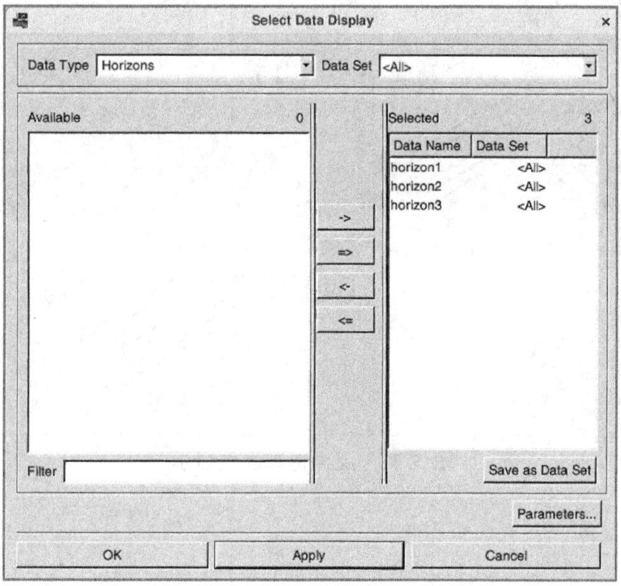

图 5.29　解释层位选择

选择要解释的层位，激活层位解释按钮（快捷键：H），在地震剖面右击弹出 Horizon Interpretation 对话框，可以实现对层位操作，常用点到点追踪、自动追踪等方法实现剖面的层位追踪。正在解释的层位以黄色呈现，如图 5.30 所示。

在 GeoBasemap 底图数据树中右击 Horizons 选择解释的层位，解释的结果在底图中显示，如图 5.31 所示。

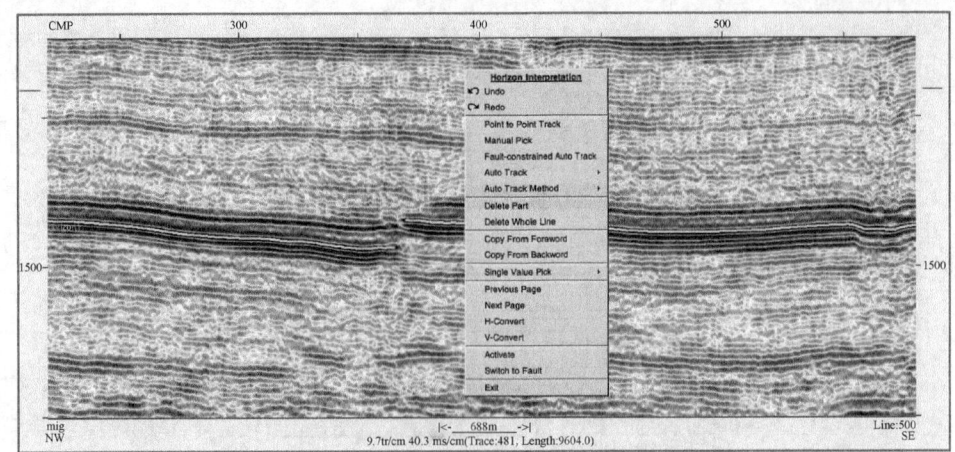

图 5.30 层位追踪界面

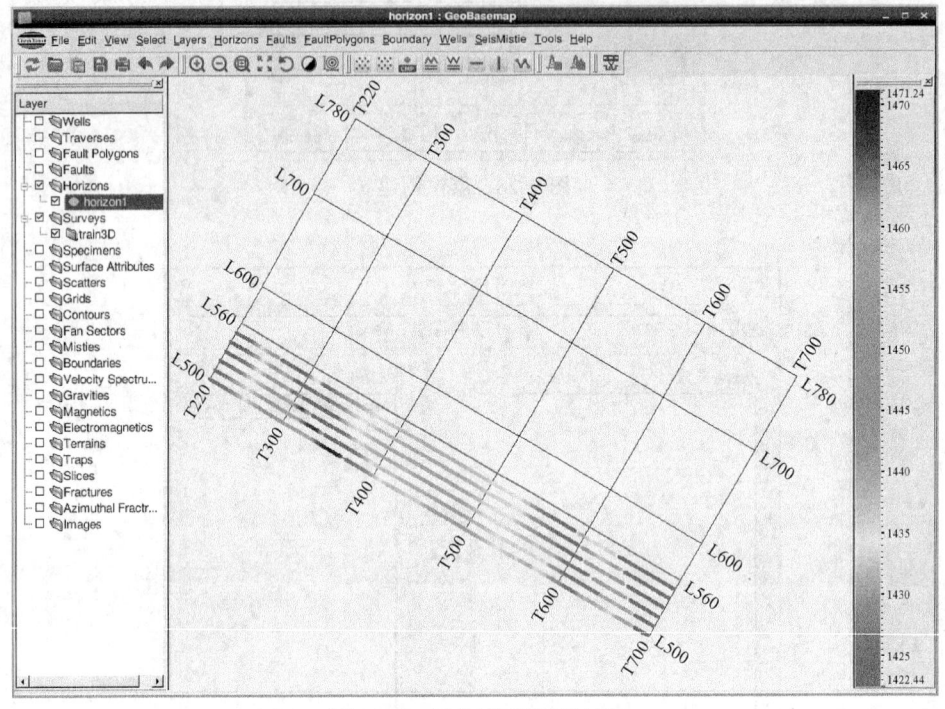

图 5.31 层位追踪底图显示

5.6 断层解释

5.6.1 断层创建与解释

在常规构造解释系统的菜单条中选择 Faults→Manage→Fault，弹出 Fault Management 对

话框，点击 Create，弹出 Create Fault 界面。根据界面提示输入各项参数，点击 OK，如图 5.32 所示。

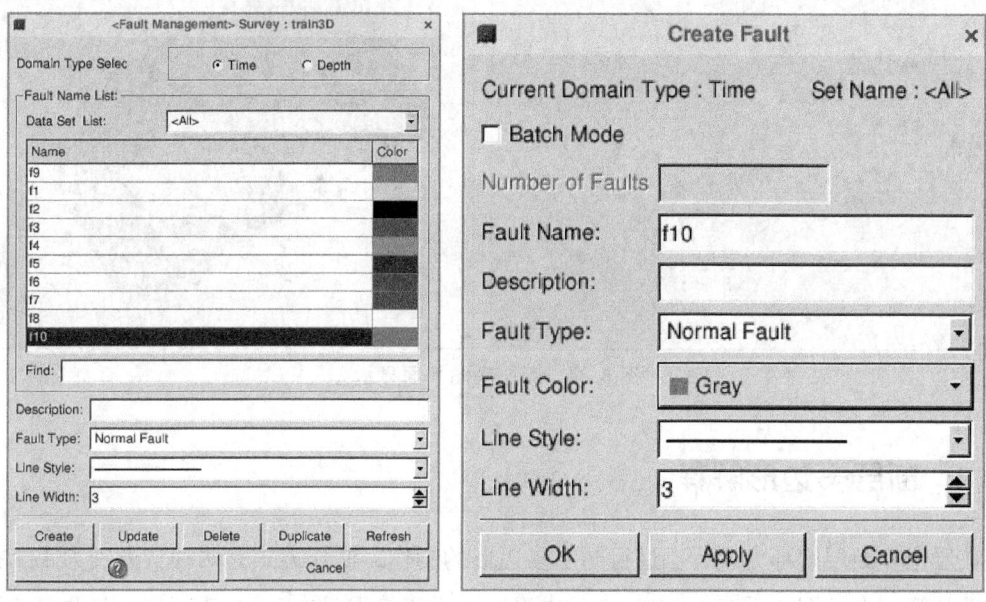

图 5.32 创建断层

在常规构造解释系统的菜单选择 Fault→Interpret，打开断层列表界面选择解释断层，可选择多个断层进行解释，激活断层解释按钮（快捷键：F），选择当前进行编辑的断层名字，点击左键在地震剖面上描画新的断层，也可以单击剖面上已有断层进行修改编辑，主要对目的层周围的断层进行解释，如图 5.33 所示。

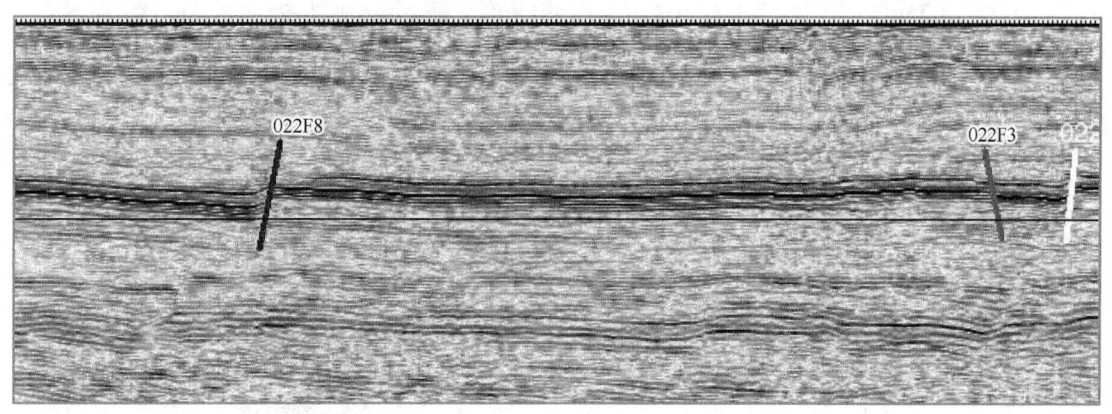

图 5.33 断层解释

逐个剖面完成断层解释后，在 GeoBasemap 底图数据树中右击 Faults 选择解释的断层，可在底图上查看断层的平面展布，如图 5.34 所示。

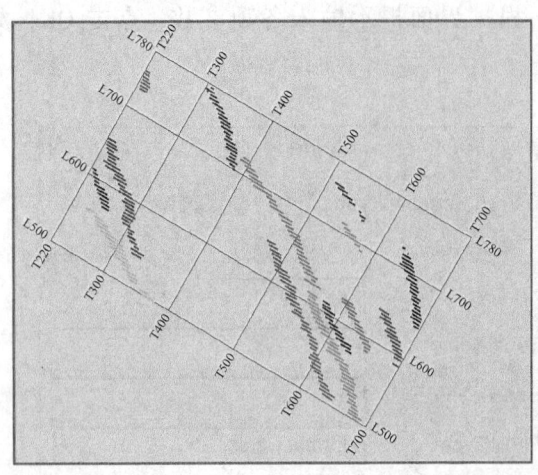 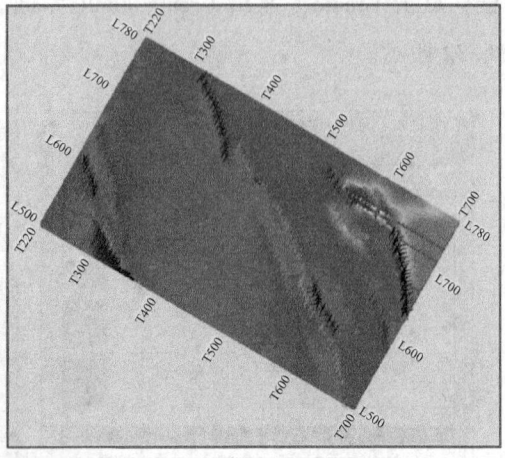

图 5.34 断层底图平面显示

5.6.2 断层多边形解释

在层位和断层解释完成后,进行断层多边形的制作。制作方式有两种,分别为手工拾取和自动计算,在地图子系统 GeoBasemap 中进行。手工拾取是在 Fault Polygons 右键菜单下完成;如图 5.35 所示。

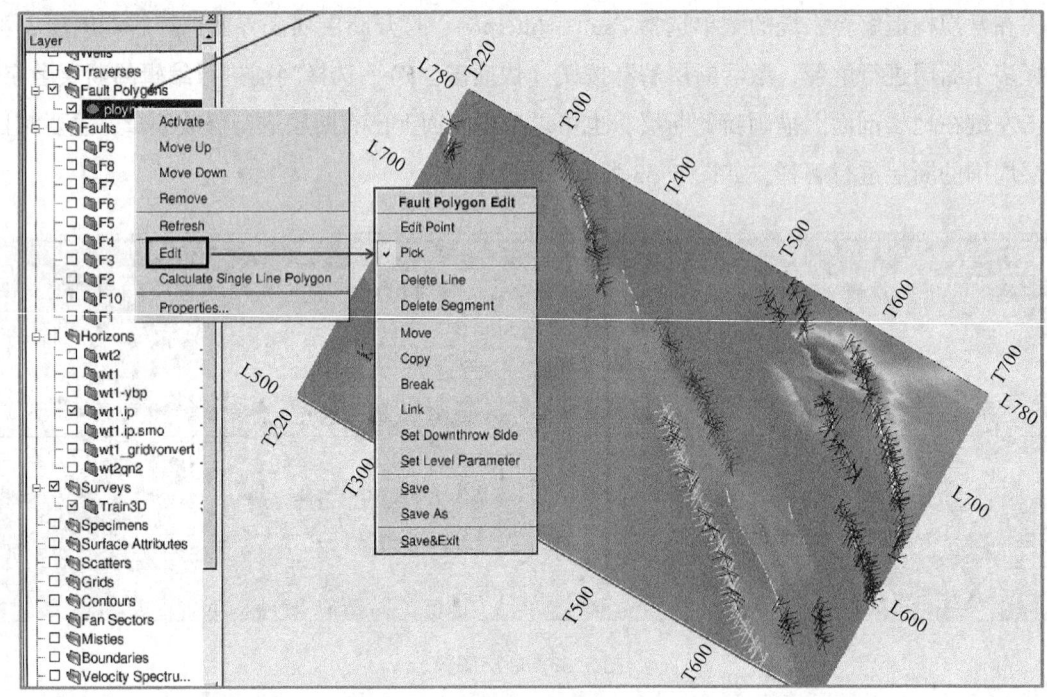

图 5.35 手工拾取断层多边形

自动计算是在 Horizons 右键菜单下完成,选择解释完成的层位,鼠标右击后选择 Auto Track Fault Polygon,如图 5.36 所示。

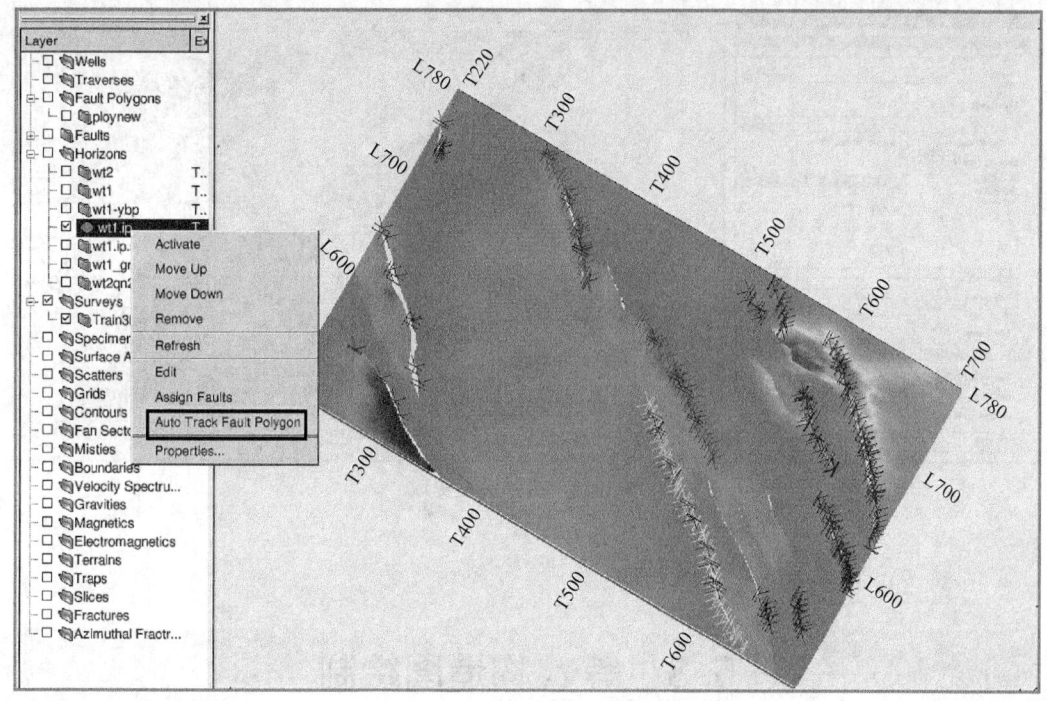

图 5.36　自动计算断层多边形

5.7　相干数据体解释

断层平面组合可以参考沿层相干属性平面图：从 GeoEast 主控界面的菜单条选择 MCI→Attribute→Surface Attribute→Coherence，设置沿层相干属性参数，如图 5.37、图 5.38 所示。

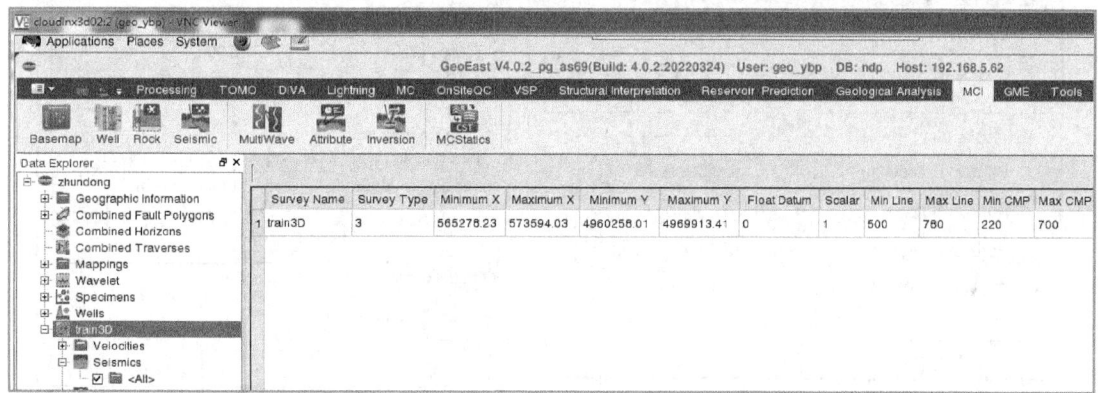

图 5.37　选择 Attribute

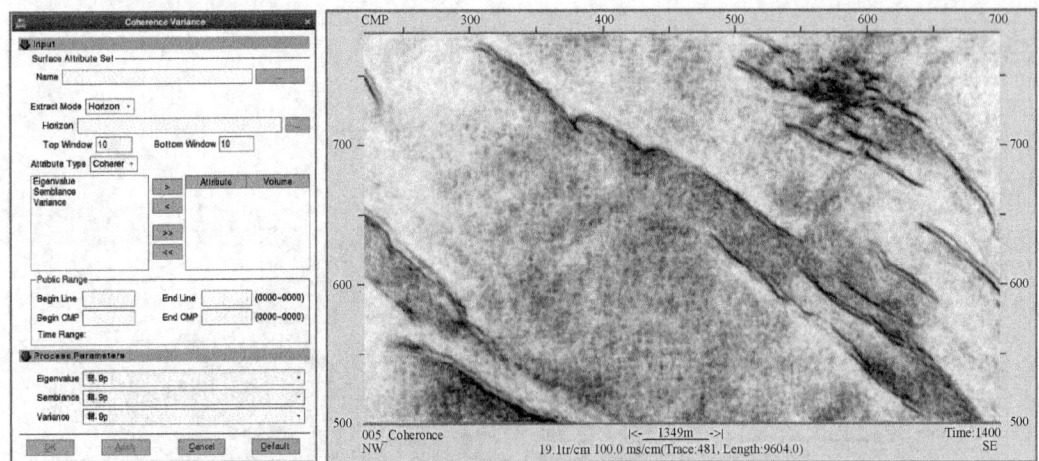

图 5.38 相干属性提取

5.8 等 t_0 构造图绘制

在 GeoBasemap 中选择层位操作，进行地层插值和平滑，如图 5.39 和图 5.40 所示。

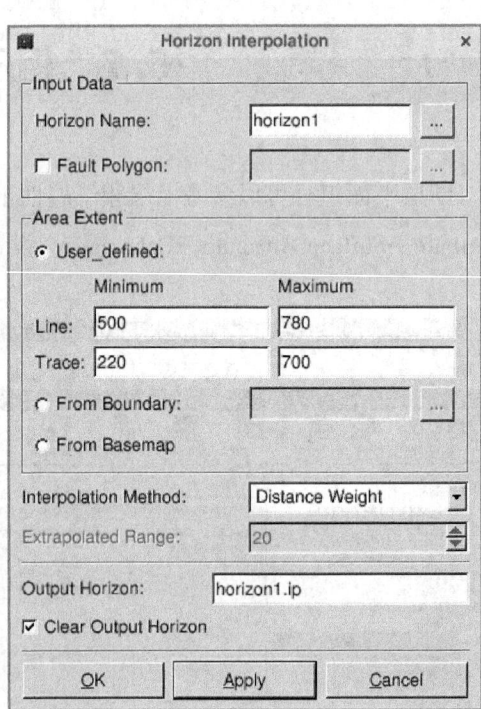

图 5.39 层位插值操作

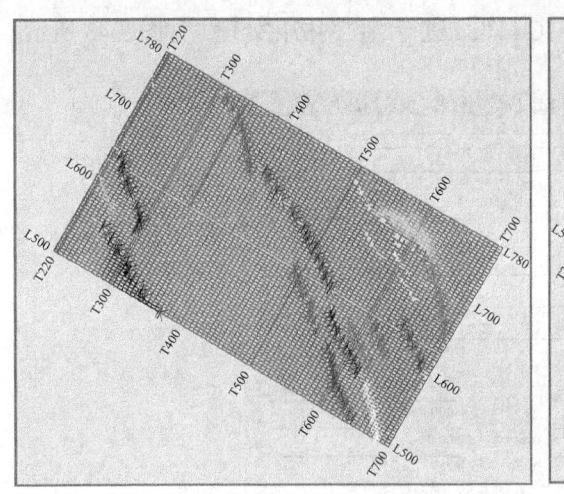 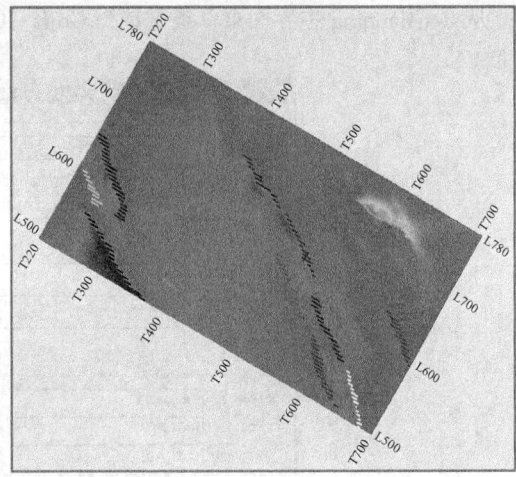

图 5.40　层位插值平滑前后对比

在 GeoEast 主控界面的菜单中选择 Tools 或 Structural Interpretation，点击 Mapping 图标，启动平面成图子系统，如图 5.41 所示。

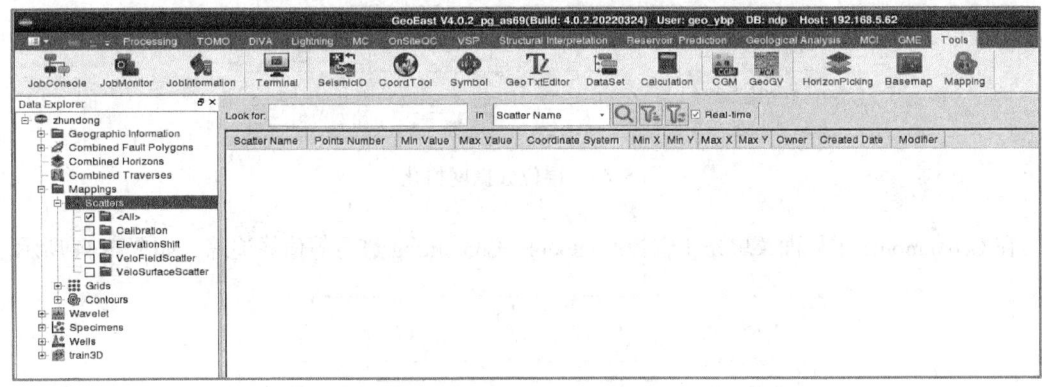

图 5.41　启动平面成图子系统

在 GeoEast 主控界面的菜单中选择 Tools→Create Boundary，选择解释插值后的层位，点击 OK，如图 5.42 所示。

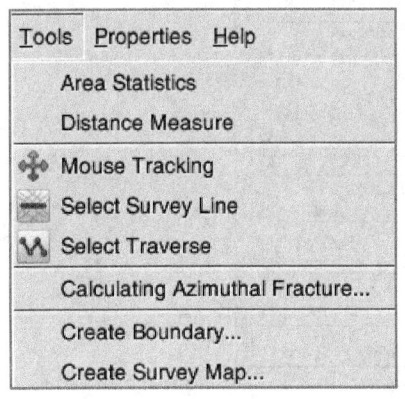 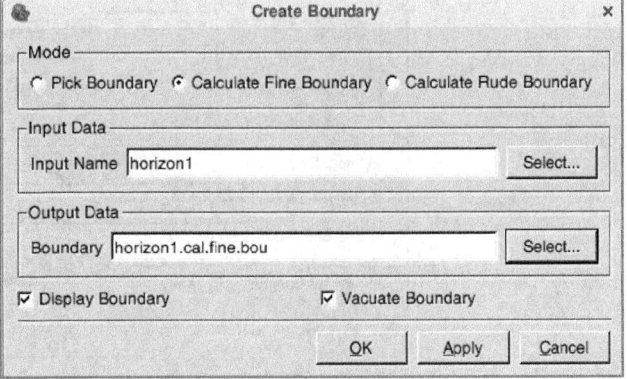

图 5.42　创建工区边界

从 GeoMapping 主界面菜单条中选择 Grids→Gridding 进行层位网格化处理，如图 5.43 所示。

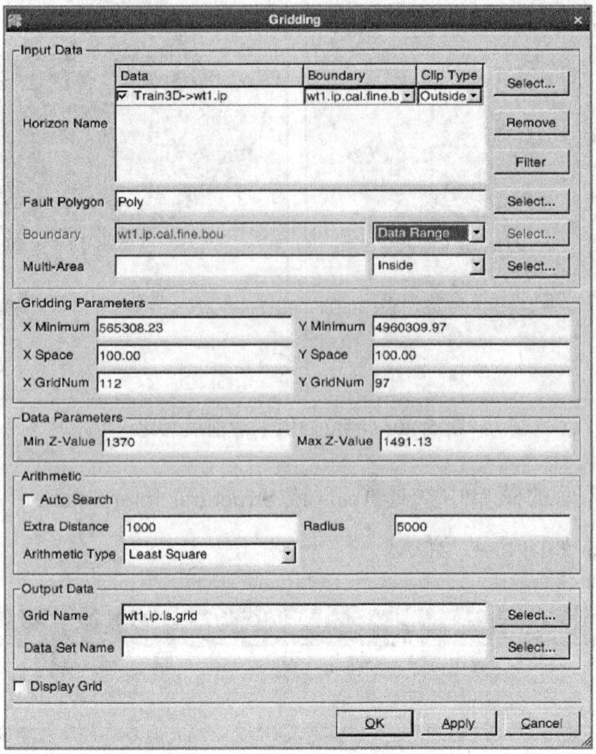

图 5.43 层位数据网格化

在 GeoMapping 主界面菜单条中选择 Contours→Contouring 进行等值线追踪，如图 5.44 所示。

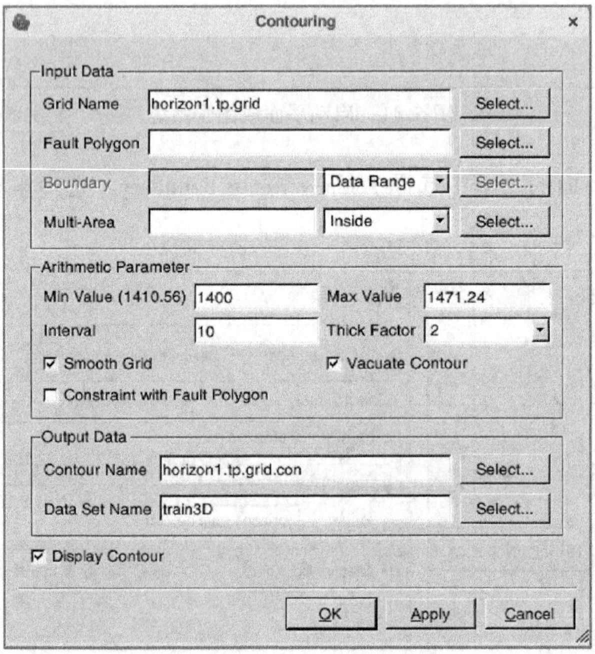

图 5.44 层位数据等值线化

— 114 —

在 GeoMapping 主界面菜单条中选择 Properties→General 进行画图属性参数设置，可以对底图范围、比例尺、背景颜色、边框、标注、比例尺等参数进行操作，如图 5.45 所示。

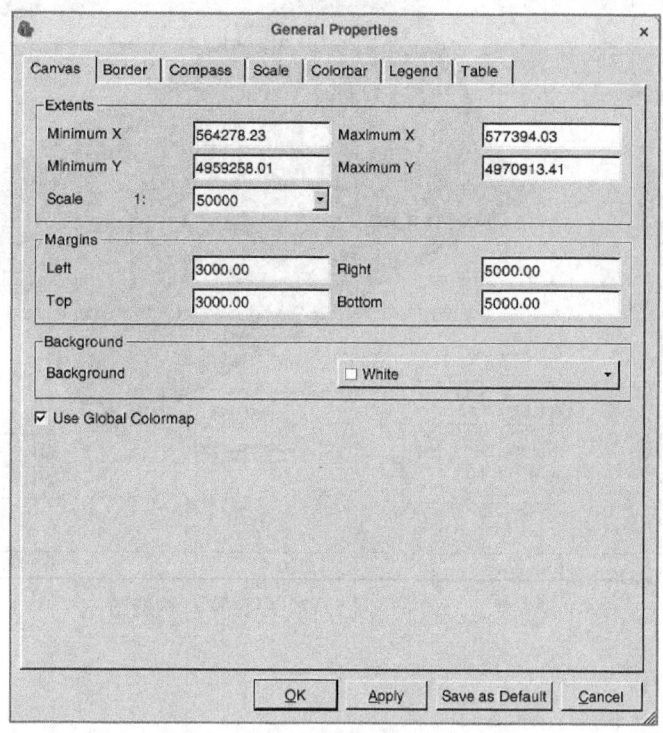

图 5.45　属性设置对话框

选择 Draw→Text，输入图名，点击 OK，如图 5.46 所示。

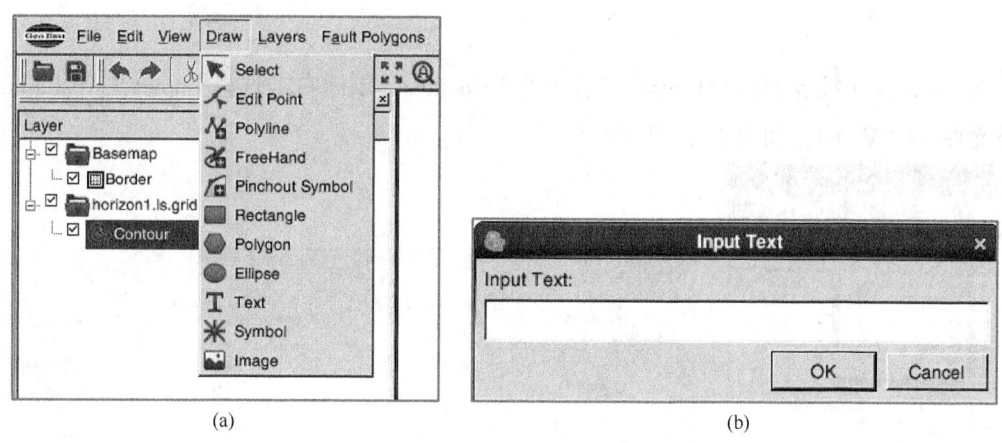

(a)　　　　　　　　　　　　　　　　(b)

图 5.46　添加图名

在主窗口图层（Layer）列表窗口中选中 Contour 文件[图 5.46(a)]，右击选择 Edit 选项，可以对图件（图 5.47）进行编辑修改，同时在窗口中右击可以进行保存等操作，实现 t_0 构造图的绘制。

— 115 —

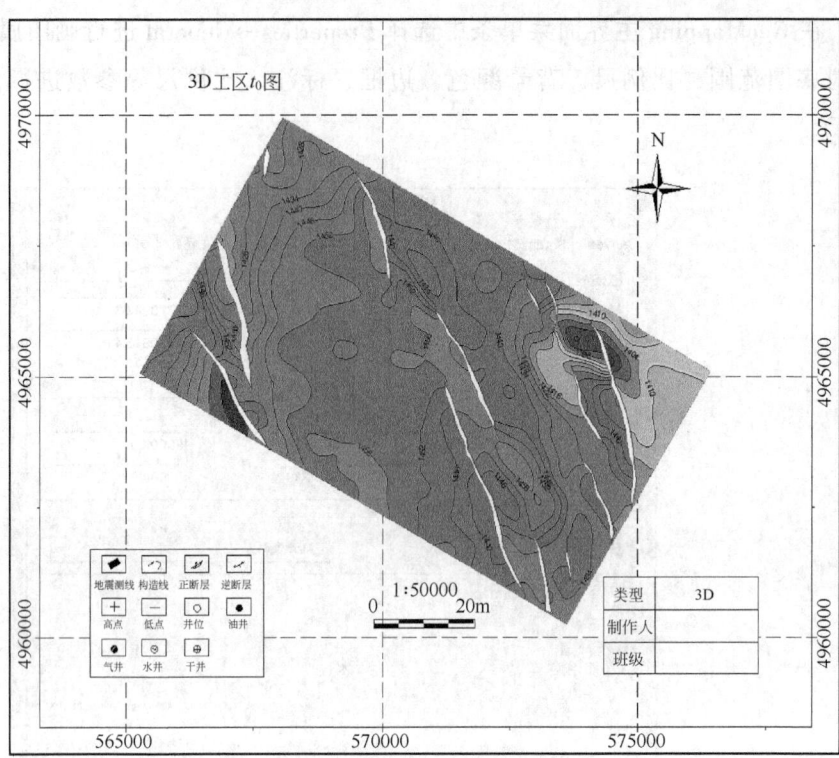

彩图 5.47

图 5.47 层位等 t_0 构造图

5.9 速度建场

在 GeoEast 主控界面数据树选择工区下的 Velocities，鼠标右击选择 Import T-V Pairs…。选择文件 3d_TV.dat，如图 5.48 所示。

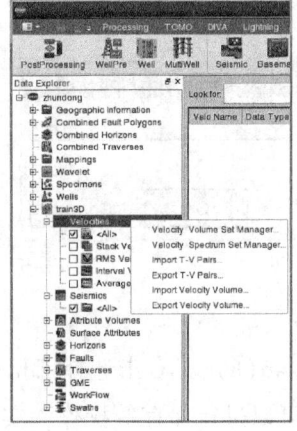 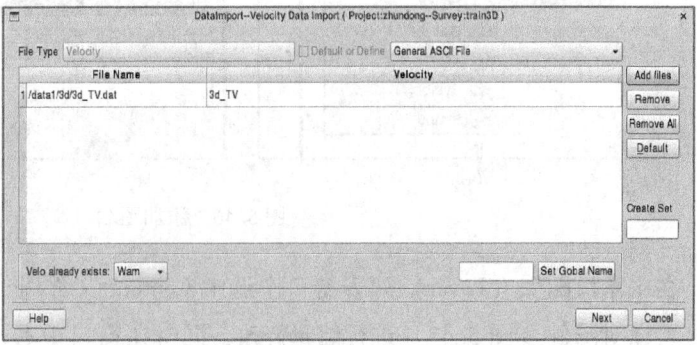

图 5.48 速度文件加载

— 116 —

点击 Next，检查并编辑文件格式后，点击 Import，如图 5.49 所示。

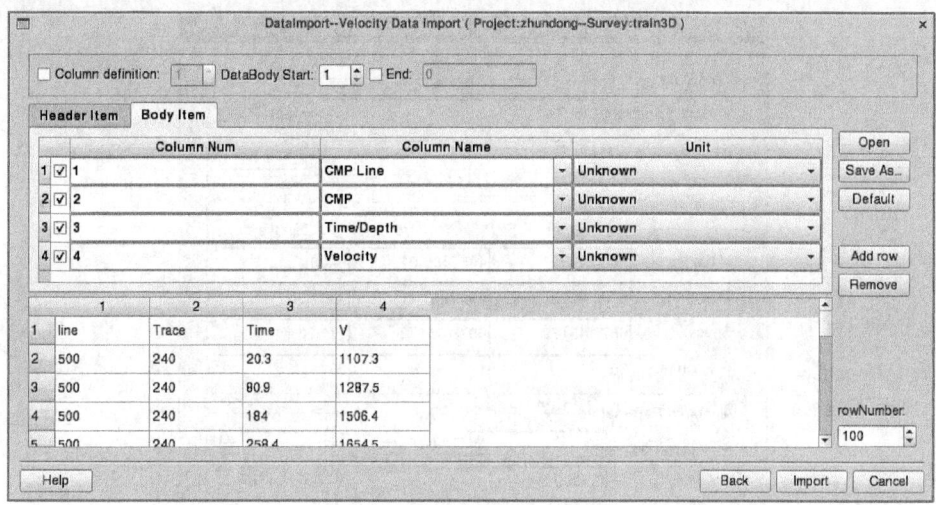

图 5.49　速度文件格式编辑

在 GeoEast 主控界面的菜单条中选择 Structural Interpretation→Velocity，弹出速度分析界面，选择 Display 下的 Velocity Spectrum 或者 Seismic 进行速度谱的显示与检查，如图 5.50 所示。

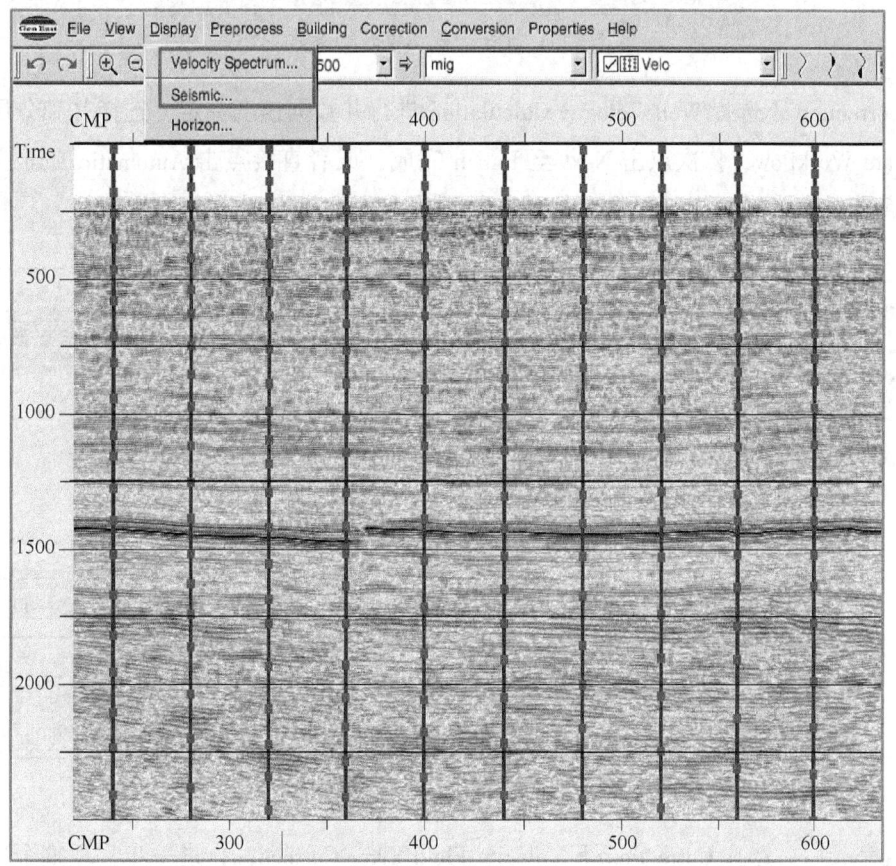

图 5.50　速度剖面显示

选择 Building→Dix...，利用 Dix 公式建立速度场，如图 5.51 所示。

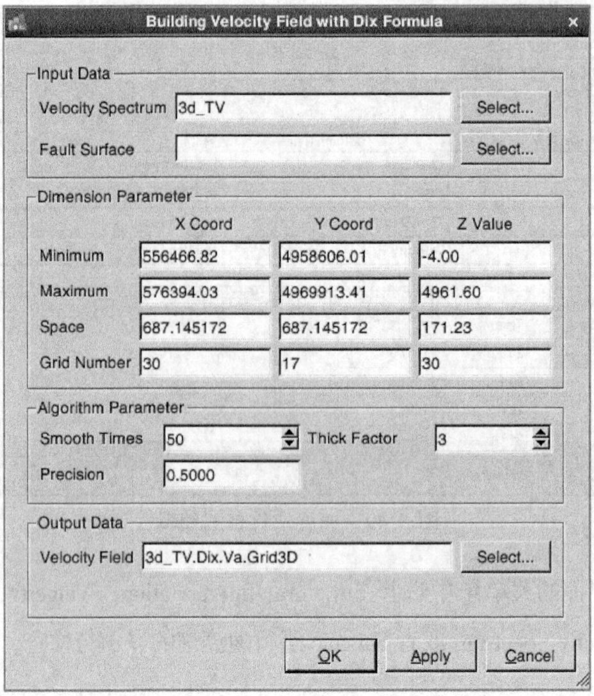

图 5.51 Dix 公式速度建场参数

在 Correction 下选择 Well Velocity Calculation 进行井数据速度标定，选择井和分层后，点击 Generate Workflow，依次点击 Next 至 Finish 完成，或者直接点击 Automatic Run 完成，如图 5.52 所示。

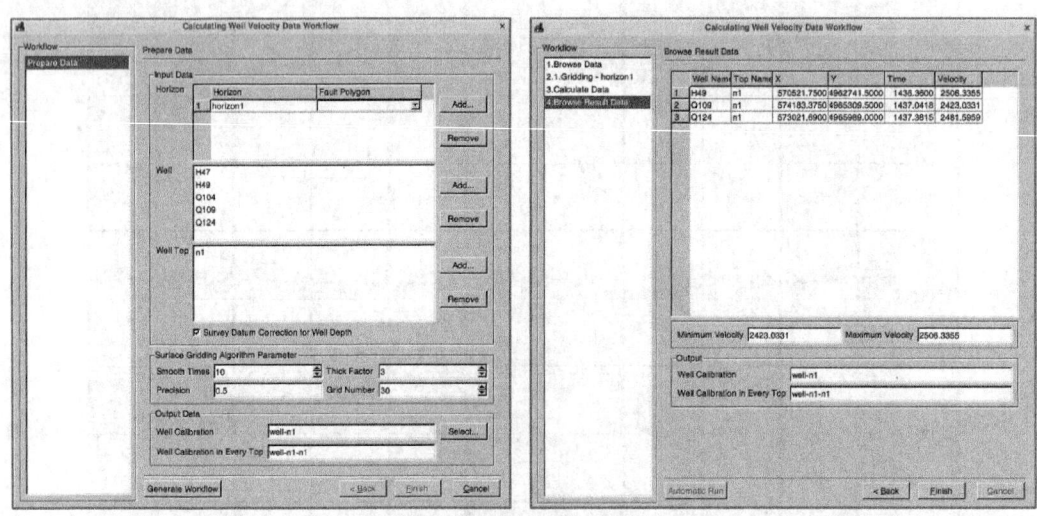

图 5.52 井点速度场标定

标定完成后，选择 Correction 下 Velocity Field Error Correction，进一步实现整个速度场的校正，如图 5.53 所示。

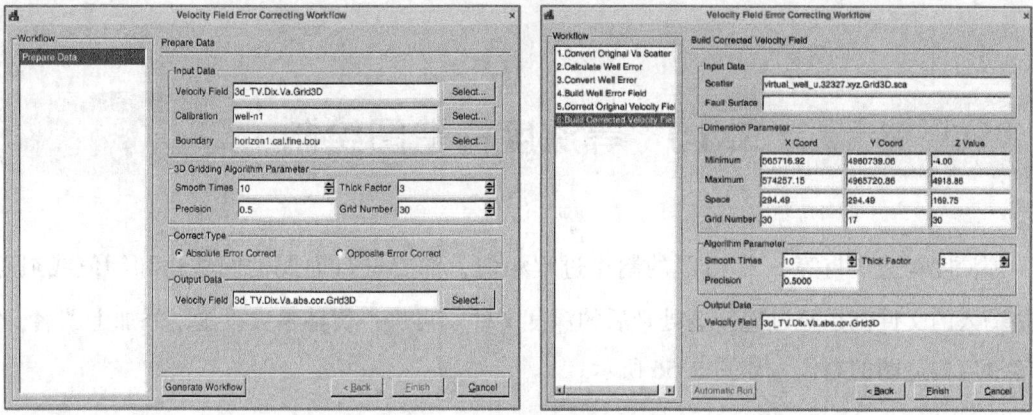

图 5.53 速度场的校正

选择 Conversion→Time to Depth Conversion→Horizons&Faults… 进行速度场的时深转换，如图 5.54 所示。

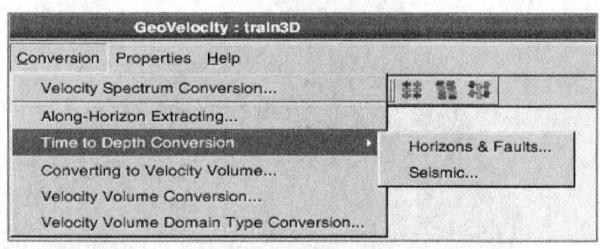

图 5.54 速度场的时深转换操作

选择校正后的速度场和对应的解释层位，进行速度场的时深转换，命名输出的速度场，点击 OK，如图 5.55 所示。

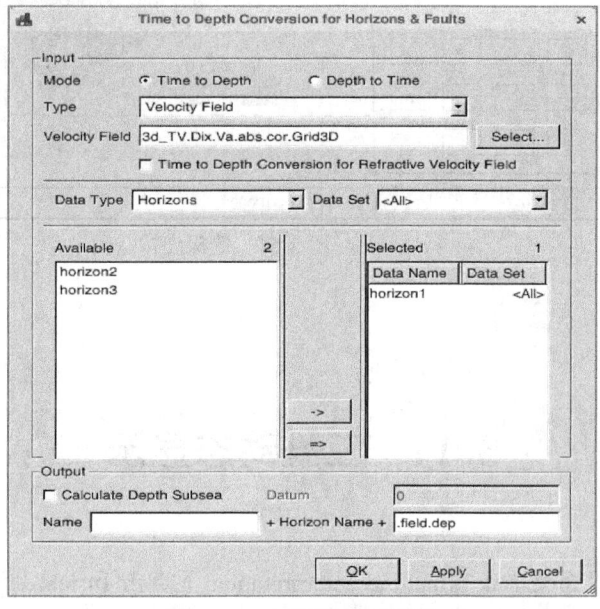

图 5.55 时深转换对话框

5.10 等深度构造图绘制

等深度构造图与等 t_0 构造图的制作过程相似,都要进行面属性网格化和等值线追踪,但是输入的文件都是经过速度场处理后的深度文件。再进行属性参数设置,添加上图名,完成等深度构造图的制作,如图 5.56 所示。

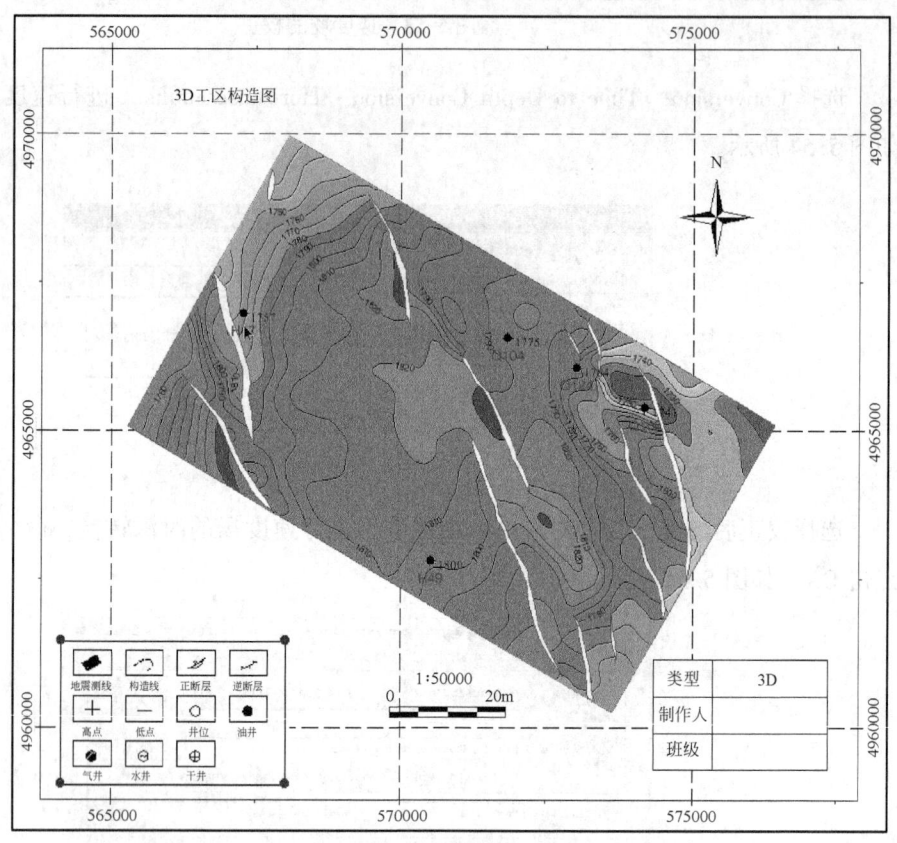

彩图 5.56

图 5.56 等深度构造图

5.11 三维动态显示

在 GeoEast 主控界面菜单条 Structural Interpretation 下点击 Insight,激活三维可视化子系统。在数据树 Surveys 下选择工区,右击 Convert Seismic Data,选中地震数据体,点击 Scan

或者 Quick Scan，点击 Convert，实现数据体的转化，如图 5.57 所示。

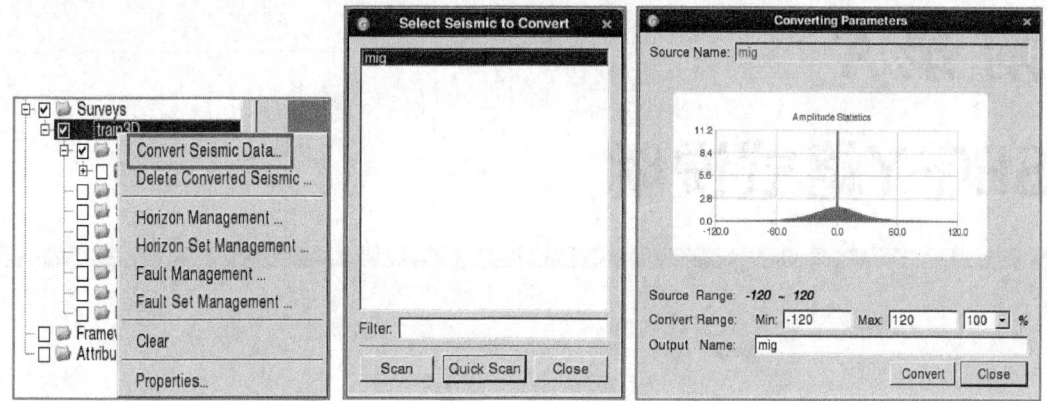

图 5.57　三维可视化显示操作

在数据树上选择地震数据、测井数据、解释的层位数据和断层数据，进行最终成果的检查，如图 5.58 所示。

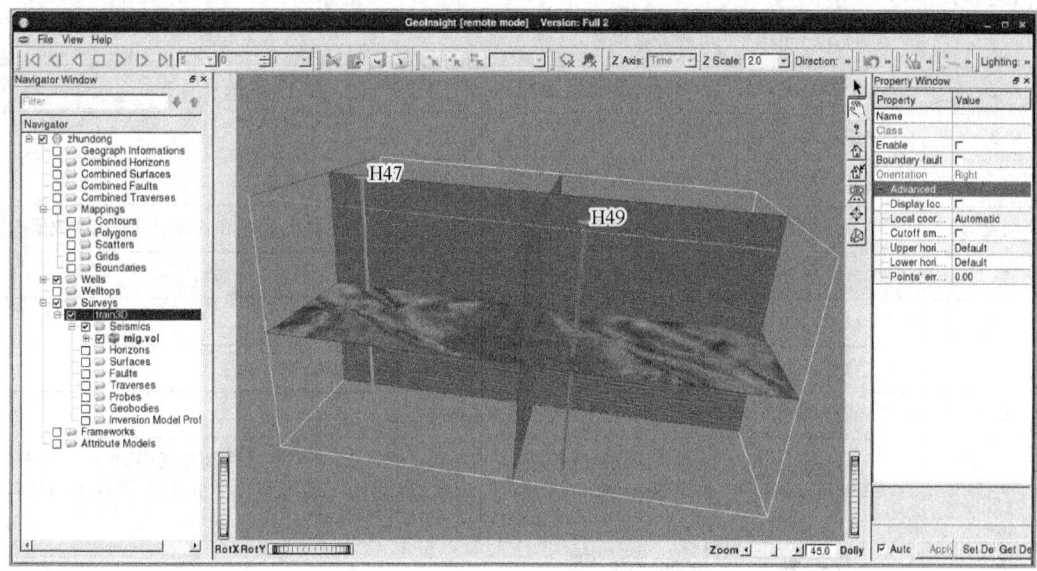

图 5.58　三维可视化显示结果

附录 A
SEG-Y 格式说明

A.1 SEG-Y 格式 400 字节头块说明

字(32位)	字节号	说明
1	3201~3204	作业标识号
2	3205~3208*	线号(每条仅一条线)。对三维叠后数据,含有主测线号
3	3209~3212*	卷号
4-1	3213~3214*	每个道集的数据道数
4-2	3215~3216*	每个道集的辅助道数(包括扫描道、时断、增益、同步和其他所有非地震数据道)
5-1	3217~3218*	采样间隔,以微秒(μs)表示
5-2	3219~3220	原始野外记录的采样间隔,以微秒(μs)表示
6-1	3221~3222	每个数据道的样点数
6-2	3223~3224	原始野外记录的各数据道的样点数
7-1	3225~3226*	数据采样格式码:1=4字节IBM浮点;2=4字节二进制补码整型;3=2字节二进制补码整型;4=4字节带增益定点(已废弃);5=4字节IEEE浮点;6=目前未用;7=目前未用;8=1字节二进制补码整型
7-2	3227~3228*	CMP 覆盖次数
8-1	3229~3230	道分选码:-1=其他;0=未知;1=同记录(无分选);2=CMP道集;3=单次覆盖剖面;4=水平叠加剖面;5=共炮点;6=共接收点;7=共炮检距点;8=共中心点;9=共转换点
8-2	3231~3232	垂直叠加码:1=没有叠加;2=两次叠加;…;N=N次叠加(N=1到32766)
9-1	3233~3234	起始扫描频率(Hz)
9-2	3235~3236	终止扫描频率(Hz)
10-1	3237~3238	扫描长度(ms)
10-2	3239~3240	扫描类型码:1=线性扫描;2=抛物线扫描;3=指数扫描;4=其他
11-1	3241~3242	扫描通道的道号

续表

字(32位)	字节号	说明
11-2	3243~3244	有斜坡时,为起始斜坡长度(斜坡起始于时间零,使用时间为该长度),以 ms 表示
12-1	3245~3246	终止斜坡长度(终止斜坡起始于扫描长度减去斜坡长度处),以 ms 表示
12-2	3247~3248	斜坡类型:1=线性;2=余弦函数关系(非线性);3=其他
13-1	3249~3250	相关数据道:1=没有相关;2=相关
13-2	3251~3252	二进制增益恢复:1=恢复;2=没有恢复
14-1	3253~3254	振幅恢复方式:1=没有;2=球面扩散;3=AGC(自动增益控制);4=其他
14-2	3255~3256 *	测量系统:1=m;2=ft
15-1	3257~3258	脉冲信号极性:表示压力增加或者使检波器向上运动,在磁带上记的是负值还是正值,1=负值,2=正值
15-2	3259~3260	可控震源极性码。 极性代码　滞后引导信号 1　　　　337.5°~22.5° 2　　　　22.5°~67.5° 3　　　　67.5°~112.5° 4　　　　112.5°~157.5° 5　　　　157.5°~202.5° 6　　　　202.5°~247.5° 7　　　　247.5°~292.5° 8　　　　292.5°~337.5°
	3261~3600	没有确定,选择使用

注:带 * 的字节的信息必须记录。

A.2 SEG-Y 格式道头说明

字(32位)	字节号	说明
1	1~4 *	一条测线中的道顺序号。如果一条测线连续占用多个 SEG-Y 文件,顺序号连续递增
2	5~8	SEG-Y 文件中的道顺序号,每个文件的道顺序号均从 1 开始
3	9~12 *	原始的野外记录号
4	13~16 *	原始野外记录中的道号
5	17~20	震源点号(在同一个地面点有多于一个记录时使用)
6	21~24	CMP 号
7	25~28	在 CMP 道集中的道号(在每个 CMP 道集中道号从 1 开始)
8-1	29~30 *	道识别码:-1=未知;0=未知;1=地震数据;2=死道;3=虚道;4=时间信号;5=井口时间;6=扫描道;7=计时;8=水断信号;9=近场炮信号;10=远场炮信号;11=地震压力传感器;12=多分量地震传感器(垂直分量);13=多分量地震传感器(联络测线分量);14=多分量地震传感器(主测线分量);15=旋转多分量地震传感器(垂直分量);16=旋转多分量地震传感器(横向分量);17=旋转多分量地震传感器(径向分量);18=振动器反应物质;19=振动器座板;20=振动器估计地面力量;21=振动器参考;22=时间—速度对;23…*N*=选择使用(*N* 最大为32767)

续表

字(32位)	字节号	说明
8-2	31~32	产生这一道的垂直叠加道数(1是一道;2是两道相加;…)
9-1	33~34	产生这一道的水平叠加道数(1是一道;2是两道相加;…)
9-2	35~36	数据类型;1=生产;2=试验
10	37~40	从炮点到接收点的距离(如果相反向激发则为负值)
11	41~44	接收点高程。高于海平面的高程为正,低于海平面为负
12	45~48	炮点的地面高程
13	49~52	炮点低于地面的深度(正值)
14	53~56	接收点的基准面高程
15	57~60	炮点的基准面高程
16	61~64	炮点的水深
17	65~68	接收点的水深
18-1	69~70	对41~68字节中的所有高程和深度应用了此因子给出真值。比例因子=1,±10,±100,±1000或者±10000。如果为正,乘以因子;如果为负,则除以因子
18-2	71~72	对73~88字节中所有坐标应用了此因子给出真值。比例因子=1,±10,±100,±1000或者±10000。如果为正,乘以因子;如果为负,则除以因子
19	73~76	炮点坐标-X
20	77~80	炮点坐标-Y
21	81~84	检波点坐标-X
22	85~88	检波点坐标-Y 如果坐标单位是弧秒,X值代表经度,Y值代表纬度。正值代表格林尼治子午线东或者赤道北的秒数,负值则为西或者南的秒数
23-1	89~90	坐标单位:1=长度(m或者ft);2=弧秒;3=十进制度数;4=度,分,秒
23-2	92~92	风化层速度(ft/s或m/s,按二进制文件头3255~3256字节所定义)
24-1	93~94	风化层下的速度(ft/s或m/s,按二进制文件头3255~3256字节所定义)
24-2	95~96	震源点处的井口时间(ms)
25-1	97~98	接收点处的井口时间(ms)
25-2	99~100	炮点的静校正(ms)
26-1	101~102	接收点的静校正(ms)
26-2	103~104	应用的总静校正量(ms),如果没有应用静校正为零
27-1	105~106	延迟时间A,以ms表示,为240字节道标识头的尾部和时间信号之间的时间。如果时间信号在道标识头的尾部之后,则为正;否则为负。时间信号被定义为起始脉冲,记录在辅助道上或由记录系统另加指定
27-2	107~108	延迟时间B,以ms表示,为时间信号和能量起爆之间的时间。可正可负
28-1	109~110	延迟记录时间,以ms表示,为震源的起爆时间和开始记录数据样点之间的时间(深水时,数据记录不从时间零点开始)
28-2	111~112	起始切除时间(ms)

续表

字(32位)	字节号	说明
29-1	113~114	结束切除时间(ms)
29-2	115~116*	本道的采样点数
30-1	117~118*	本道的采样间隔(μs)
30-2	119~120	野外仪器的增益类型:1=固定增益;2=二进制增益;3=浮点增益;4…N=选择使用
31-1	121~122	仪器增益常数(dB)
31-2	123~124	仪器起始增益(dB)
32-1	125~126	相关码:1=没有相关;2=相关
32-2	127~128	起始扫描频率(Hz)
33-1	129~130	结束扫描频率(Hz)
33-2	131~132	扫描长度(ms)
34-1	133~134	扫描类型:1=线性;2=抛物线;3=指数;4=其他
34-2	135~136	扫描道起始斜坡长度(ms)
35-1	137~138	扫描道终止斜坡长度(ms)
35-2	139~140	斜坡类型:1=线性;2=余弦函数关系(非线性);3=其他
36-1	141~142	去假频滤波器的频率(Hz),如果使用
36-2	143~144	去假频滤波器的斜率(dB/octave)
37-1	145~146	陷波滤波器的频率(Hz),如果使用
37-2	147~148	陷波滤波器的斜率(dB/octave)
38-1	149~150	低截频率(Hz),如果使用
38-2	151~152	高截频率(Hz),如果使用
39-1	153~154	低截斜率(dB/octave)
39-2	155~156	高截斜率(dB/octave)
40-1	157~158	数据记录的年
40-2	159~160	数据记录的日
41-1	161~162	数据记录的小时(24时制)
41-2	163~164	数据记录的分
42-1	165~166	数据记录的秒
42-2	167~168	时间标准码:1=当地时间;2=格林尼治时间;3=其他
43-1	169~170	道加权因子,最小有效位为2^{-N},$N=0,1,2,…,32767$
43-2	171~172	覆盖开关位置1的检波点号
44-1	173~174	在原始野外记录中道号1的检波点号
44-2	175~176	在原始野外记录中最后一道的检波点号
45-1	177~178	缺口大小(缺失的检波点总数)

续表

字(32 位)	字节号	说明
45-2	179~180	在测线的开始或者结束处的斜坡位置;1=在下面(或在后面);2=在上面(或在前面)
46	181~184	CMP 的 X 坐标(应用了道头字节 71~72 中的比例因子)
47	185~188	CMP 的 Y 坐标(应用了道头字节 71~72 中的比例因子)
48	189~192	对于 3D 叠后数据,此域用于表示 inline(主测线)号。如果每个 SEG-Y 文件中记录了一条 inline(主测线),此值对文件中所有道都是一样的,并且此值记录在二进制文件头字节 3205~3208 中
49	193~196	对于 3D 叠后数据,此域用于表示 crossline(联络测线)号。此值与道头字节 21~24 中道集(CDP)号相同,但也可不同
	233~240	没有定义,可以选择使用

注:带 * 的字节的信息必须记录。

附录 B 地震资料处理与解释专业英语常用词汇

B.1 地震资料处理常用词汇

Absorption 吸收
Acquisition 采集
Add new flow 添加新流程
AGC (automatic gain control) 自动增益控制
Allocate buffer 分配缓存
Amplitude compensation 振幅补偿
Amplitude equalization 振幅均衡
Amplitude processing 振幅处理
Amplitude varies with angle (AVA) 振幅随入射角变化
Amplitude varies with offset (AVO) 振幅随偏移距变化
Anisotropic 各向异性的
Anisotropy 各向异性
Antialias filter 抗假频滤波器
Apparent velocity 视速度
Attenuation 衰减
Attribute 属性
Autocorrelation 自相关
Average velocity 平均速度
Band pass filter 带通滤波器
Bandwidth 带宽
Batch 批量
Bin size 面元大小

Bow-tie feature 回转波
Cepstrum 赛谱
Channel 信号通道
CMP (common middle point) 共中心点
CMP line 共中心点线
Coherence 相干
Complex cepstrum 复赛谱
Component 分量
Converted waves 转换波
Convolution 褶积
Critical angle 临界角
Crosscorrelation 互相关
Datum elevation 基准面高程
Database browser 数据库浏览器
Decibels (DB) 分贝
Deconvolution 反褶积
Demultiple 多次波压制
Denoised data 去噪后数据
Density 密度
Depth migration 深度偏移
Diffraction/diffracted wave 绕射波
Dip 倾角
Direct wave 直达波
Disturbance 干扰

Divergence　扩散
Domain　域
Dominant frequency　主频
Dynamic range　动态范围
Dynamite　炸药
Elastic wave　弹性波
Energy　能量
Equalization　均衡
Equivalent velocity　等效速度
Event　同相轴
Fermat's principle　费马原理
FFID (field file ID)　野外文件号
Field static correction　野外静校正
Filtering　滤波
Finite difference migration　有限差分法偏移
First break　初至波
Fold　覆盖次数
Frequency band　频带
Gather　道集
Gather flag　道集旗标
Geometry　观测系统
Geophone　检波器
Geophysical exploration　地球物理勘探
Gridding　网格化
Ground roll　地滚波（面波）
Ground roll attenuation　地滚波（面波）衰减
Heterogeneity　非均质
Heterogeneous　非均匀的
Homogeneity　均质
Homogeneous　均匀的
Huygens' principle　惠更斯原理
Image　图像
Imaging　成像
Impedance　阻抗
Impulse　脉冲
Input and output　输入与输出
Intensity　强度
Interval　间距、间隔、层
Interval velocity　层速度

Inverse filter　反滤波器
Isotropic　各向同性的
Isotropy　各向同性
Job console　作业控制台
Lateral velocity changes　横向速度变化
Linear noise removal　线性干扰压制
Log spectrum　对数谱
Low cut filter　低截滤波器
Low velocity layer　低速层
Maximum offset　最大偏移距
Maximum phase　最大相位
Migration　偏移
Minimum offset　最小偏移距
Minimum phase　最小相位
Mixed phase　混合相位
Modules selector　模块选择器
Multiples　多次波
Mute picker　切除拾取
Muting　切除
Moveout　动校正时差
Near ground　近地表
Near-surface and statics　近地表和静校正量
New line　新测线
New 2D survey　新二维工区
NMO (normal moveout correction)　正常时差校正、动校正
NMO stretch　动校正拉伸
NMO velocity　动校正速度
Noise attenuation　噪声衰减
Notch filter　陷波器
Nyquist frequency　尼奎斯特频率
Offset　炮检距
Parameter　参数
Passband　通放带
Period　周期
Phase shift　相位移
Plane wave　平面波
Plot　绘图
Poststack migration　叠后偏移

Predictive deconvolution　预测反褶积
Prestack depth migration　叠前深度偏移
Prestack time migration　叠前时间偏移
Polarity　极性
P-wave　纵波
Real cepstrum　实赛谱
Receiver　检波器
Reflection coefficient　反射系数
Reflection/reflected wave　反射波
Refraction/refracted wave　折射波
Remote submit　远程提交
Resampling　重采样
Residual static correction　剩余静校正
Resolution　分辨率
RMS (root-mean-square) velocity　均方根速度
Sampling interval　采样间隔
Sampling rate　采样率
Seismic data processing　地震资料处理
Seismic profile/section　地震剖面
Seismic record　地震记录
Seismic view　地震数据显示
Seismic wave　地震波
Seismogram　地震记录
Snell's law　斯奈尔定律
SNR (signal-to-noise ratio)　信噪比
Source　炮点
Spectrum　谱
Spiking deconvolution　脉冲反褶积

Split spread　中间放炮双边接收
Spread　排列
SPS (Shell Processing Support) format　SPS 格式
Stacking velocity　叠加速度
Statics application　静校正量应用
Statics filename　静校正文件名
Surface wave　面波
Stack　叠加
Structure　构造
S-wave　横波
Temporal interval　时间间隔
Threshold　门槛值、阈值
Time migration　时间偏移
Time variant filtering　时变滤波
Trace　地震道
Transmission/transmitted wave　透射波
Velocity analysis　速度分析
Vibroseis　可控震源
Vertical resolution　垂直分辨率
Velocity smoothing　速度平滑
Wavelet　子波
Weathered layer　风化层
Weathering corrections　风化层校正
Weighting coefficient　加权系数
Wild amplitude attenuation　异常振幅衰减
Work flow　工作流程
Zero phase　零相位

B.2　地震资料解释常用词汇

Amplitude spectrum　振幅谱
Anticline　背斜
Auto track　自动追踪
Bandpass wavelet　带通子波
Basemap　底图

Bright spot　亮点
Cap rock　盖层岩石
Coherence cube　相干体
Contour　等值线
Contouring　等值线化

Convolution model 褶积模型	Phase spectrum 相位谱
Correlation coefficient 相关系数	Pinchout 地层尖灭
Correlative curve 相关曲线	Precision 精度
Crossline 联络测线	Property 属性
Depositional basin 沉积盆地	Reflection coefficient 反射系数
Density 密度	Reverse fault 逆断层
Dim spot 暗点	Ricker wavelet 雷克子波
Dix formula Dix 公式	Seismic attribute 地震属性
Dominant frequency 主频	Seismic data interpretation 地震资料解释
Flat spot 平点	Spectrum analysis 频谱分析
Fold 褶皱	Squeeze 压缩
Event 同相轴	Stretch 拉伸
Fault 断层	Structural interpretation 构造解释
Fault polygons 断层多边形	Synthetic 合成的
Gather 道集	Syncline 向斜
Grid 测网	Source rock 生油岩
Gridding 网格化	3D survey 三维工区
Horizon 层位	Synthetic record 合成记录
Horizon duplication 层位复制	Time slice 时间切片
Horizon interpolation 层位插值	Time to depth conversion 时深转换
Horizon mergence 层位合并	Traverse line 任意线
Horizon smoothing 层位平滑	Trap 圈闭
Impedance 阻抗	Unconformity 不整合
Inline 主测线	Velocity 速度
Inversion 反演	Velocity field 速度场
Lithology 岩性	Velocity spectrum 速度谱
Logging/Log 测井	Wavelet 子波
Log curves 测井曲线	Well information 井信息
Migration 油气的运移	Well path 井轨迹
Normal fault 正断层	Well top 井分层
Petroleum reservoir 石油储集层	Well-seismic calibration 井震标定

附录 C
GeoEast地震资料处理基本流程常用模块名称表

模块名称	模块英文全名	模块中文全名
SegyInput	Input data in SEG-Y format	SEG-Y 格式输入
SegyOutput	Output data in SEG-Y format	标准 SEG-Y 格式输出
SegdInput	SEG-D disk file data input	SEG-D 格式数据输入
GeoDiskIn	GeoEast disk input	GeoEast 磁盘输入
GeoGeometry	Interactive geometry definition	交互观测系统定义
Geometry3D	3D geometry definition	批量 3D 观测系统定义
GeoMCheck	Geometry check	观测系统检查
GeometryFBCheck	Geometry and first break checking	观测系统及初至检查
AmpAna	Amplitude analysis	振幅分析
LimitAmp	Wild amplitude limit	异常振幅抑制
SCAmpCom2D	2D surface consistent amplitude compensation	二维地表一致性振幅补偿
AmpCompenst	Spherical divergence amplitude compensation	球面扩散补偿
AmpEqu	Dynamic amplitude equalization	振幅均衡
TVarScal	Time-variant amplitude scaling	时变振幅比例加权
FoldAmpNorm	3D bin fold adjusting	基于覆盖次数振幅归一化
PredictDecon	Predictive deconvolution	预测反褶积
MultiPrDecon	Multi-trace predictive deconvolution	多道预测反褶积
SCAmpAna	Surface consistent amplitude analysis	地表一致性振幅分析
SCAmpDecom	Surface consistent amplitude compensation	地表一致性振幅分解
SCAmpApp	Surface consistent amplitude application	地表一致性振幅应用
SCAnomProcPick	Surface consistent anomaly process: pick amplitude	地表一致性异常振幅处理:拾取
SCAnomProcDecom	Surface consistent anomaly process: decomposition	地表一致性异常振幅处理:分解
SCAnomProcApply	Surface consistent anomaly process: apply	地表一致性异常振幅处理:应用
LogSpectrum	Logarithmic spectrum calculation	对数谱计算
SCSpecDecom3D	3D surface consistent spectrum decomposition	三维地表一致性谱分解

续表

模块名称	模块英文全名	模块中文全名
SCSpecDecon3D	3D surface consistent deconvolution application	三维地表一致性反褶积应用
FKFilt	FK filtering	FK 滤波
GeoFKFiltering	GeoEast interactive F-K filtering	交互 F-K 滤波
TVarFilt	Time-variant filtering	时变滤波
FreqFiltScan	Frequency domain filter and band scan	频域滤波与频带扫描
YRWavletScan	Yu and Ricker wavelet scanning	俞氏及雷克子波扫描(滤波)
YuFilt	Yu's filtering	俞氏滤波
PhsScanCorrct	Phase scan and correction	相位扫描与校正
ConstPhsCorrct	Constant phase correction	常相位校正
SpatialFilt	Spatial filtering	空间滤波
GrndRolAtten	Adaptive attenuation of ground roll	自适应面波衰减
ZoneFilt	Prestack zone filtering	叠前局域滤波
HiFNoiAtten	Adaptive high frequency noise attenuation	自适应高频噪声衰减
MonoNoiAtten	Monochromatic frequency noise attenuation	单频干扰压制
KLLinNoiRemv	Linear noise stimulation and removal based on KL transform	KL 变换线性噪声衰减
FKFilt2D	FK filter 2D	二维频率波数域滤波
WildAmpAtten	Wild amplitude attenuation	异常振幅衰减
SuperTrcEst	Super-trace estimation based on reflection	反射波超级道估算
SuperTrcFB3D	Super trace first break calculate	超级道初至波剩余静校正
SuperTrcRsSt	Super-trace residual statics decomposition based on reflection	反射波超级道剩余静校正量分解
VelAnaCorr	Velocity analysis correlation	相关速度谱计算
GeoVeloSuite	Velocity analysis suite	综合交互速度分析
PostMigVField	Poststack migration velocity field building	叠后偏移速度建场
VelIntp	Velocity interpolation	速度插值
VelSmooth	Velocity smoothing	速度平滑
VFieldToTVPairs	Convert velocity field to T-V pairs	速度场转换为 T-V 对
TVConversion	T-V pairs datum conversion	T-V 对转换
NMO	Normal moveout	动校正(2D,3D)
Stacking	Horizontal stacking	叠加
StretchCorrect	NMO stretch correction	动校正拉伸校正
FDMig2D	2D difference migration	二维差分法叠后时间偏移
FXFDMig	Finite difference migration in F-X domain	F-X 域有限差分波动方程偏移

续表

模块名称	模块英文全名	模块中文全名
CoherentEnhan	Coherent enhancement	叠后相干加强
RNA2D	Poststack 2D Random noise attenuation	叠后二维随机噪声衰减
PolyFit	Polynomial fitting to raise S/N ratio	多项式拟合提高信噪比
FKSignalEnhan	Poststack non-linear signal enhancement in F-K domain	叠后F-K域信号非线性增强
Muting3D	Seismic trace muting	地震道切除
AutoTrcEdit	Automatic seismic data editing	自动地震道编辑
CorrelationAna	Correlation analysis	相关分析
TakeTraceAttri	Take trace attributes	地震道属性提取
TakeGatherAttri	Take gather attributes	道集属性统计与分析
GeoFoldOffset	Interactive QC plotting of fold, offset, etc.	交互绘制覆盖次数等质控图
ComOffstData	2D common offset data generation	产生共炮检距数据

主要参考文献

[1] 陈小宏,李国发,刘洋,等.地震数据处理方法:富媒体.2版.北京:石油工业出版社,2021.

[2] 陆基孟,王永刚.地震勘探原理.3版.东营:中国石油大学出版社,2009.

[3] 王润秋,罗国安.地震勘探应用软件基础教程.北京:石油工业出版社,2013.

[4] 王宏语.地震地质解释及应用.北京:地质出版社,2016.

[5] 刘文革,赵虎,聂荔.地震勘探概论:富媒体.北京:石油工业出版社,2017.

[6] 王永刚.地震资料综合解释方法.东营:中国石油大学出版社,2012.

[7] 李兰斌,王晓坤,刘羽欣.地震地质综合解释实习指导书.武汉:中国地质大学出版社,2014.

[8] 朱红涛,石万忠.层序、地震、地质综合解释实践教学实习指导书.武汉:中国地质大学出版社,2011.

[9] Simm R,Bacon M.地震振幅解释与应用.高建虎,李胜军,马龙,等译.北京:石油工业出版社,2016.

[10] Brown A R.三维地震数据解释.康南昌,等译,北京:石油工业出版社,2014.

[11] Gadallah M R.储层地震学.刘怀山,译.北京:石油工业出版社,2009.

[12] Yilmaz O. Seismic data analysis(processing, inversion, and interpretation of seismic data). Society of Exploration Geophysicists,2001.

[13] Sheriff R E,Geldart L P. Exploration seismology. 2nd ed. Cambridge:Cambridge University Press,1995.